建筑施工特种作业人员安全技术考核培训统编教材

建筑起重机械安装拆卸工

（塔式起重机）

主编　全茂祥　徐　惠

中国劳动社会保障出版社

图书在版编目(CIP)数据

建筑起重机械安装拆卸工. 塔式起重机/仝茂祥，徐惠主编. —北京：中国劳动社会保障出版社，2012
建筑施工特种作业人员安全技术考核培训统编教材
ISBN 978-7-5045-9473-0

Ⅰ.①建… Ⅱ.①仝… ②徐… Ⅲ.①建筑机械：起重机械-装配(机械)-安全技术-技术培训-教材②塔式起重机-装配(机械)-安全技术-技术培训-教材 Ⅳ.①TH210.8

中国版本图书馆 CIP 数据核字(2012)第015650号

中国劳动社会保障出版社出版发行

(北京市惠新东街1号 邮政编码：100029)

出 版 人：张梦欣

*

北京谊兴印刷有限公司印刷装订 新华书店经销

850毫米×1168毫米 32开本 9.25印张 227千字

2012年2月第1版 2012年2月第1次印刷

定价：25.00元

读者服务部电话：010-64929211/64921644/84643933

发行部电话：010-64961894

出版社网址：http：//www.class.com.cn

内容简介

本书为建筑施工特种作业人员培训考核统编教材之一，主要针对塔式起重机安装拆卸工的安全技术培训，根据《建筑施工特种作业人员管理规定》（建质［2008］75号）和《关于建筑施工特种作业人员考核工作的实施意见》（建办质［2008］41号），确定编写大纲与教材内容。

全书内容共分十章，第一部分理论知识包括：专业基础知识、塔式起重机概述、塔式起重机主要机构及组成、塔式起重机安全装置、塔式起重机取物装置；第二部分实践知识包括：塔式起重机安装技术、塔式起重机基础与附着装置、塔式起重机拆卸施工、塔式起重机维修保养及故障排除、起重吊运指挥信号和附件。

本书充分考虑实际培训的需要，以建筑施工特种作业人员安全技术培训实践为本套教材的基本定位，以服务于各培训单位和培训人员为目标，让学员高效地通过考核，成功取证。同时还可作为企事业单位安全管理人员的培训参考用书。

前言

建筑施工是高危行业之一，从事建筑施工的作业人员按照规定分为电工等若干工种，其安全生产管理历来受政府高度重视。所谓建筑施工特种作业人员，是指在房屋建筑和市政工程施工活动中，从事可能对本人、他人及周围设备设施的安全造成重大危害作业的人员。为加强对建筑施工特种作业人员的管理，防止和减少生产安全事故，住房和城乡建设部于2008年先后发布施行了《建筑施工特种作业人员管理规定》（以下简称《规定》）和《关于建筑施工特种作业人员考核工作的实施意见》。根据《建设工程安全生产管理条例》和《安全生产许可证条例》相关规定，建筑施工特种作业人员必须按照国家有关规定经过专门的安全作业培训，并取得特种作业操作资格证书后，方可上岗作业。特种作业人员的安全技术考核培训和管理工作又上了一个新台阶。

目前，建筑施工特种作业人员培训考核工作已经正式开展并取得良好的效果，培训单位和培训人员急需有针对性和实用性的教材。鉴于此，根据住房和城乡建设部颁布的《规定》和《建筑施工特种作业人员安全技术考核大纲（试行）》《建筑施工特种作业人员安全操作技能考核标准（试行）》的要求，我们组织编写了“建筑施工特种作业人员安全技术考核培训统编教材”。本套教材共14种：《建筑施工特种作业安全生产知识》《建筑电工》《建筑焊工》《建筑架子工（普通脚手架）》《建筑架子工（附着升降脚手架）》《建筑起重司索信号工》《建筑起重机械司机（塔式起重机）》《建筑起重机械司机（流动式起重机)》《建筑起重机械司机（施工升降机)》《建筑起重机械司机（物料提升机)》《建筑起重机械安装拆卸工（塔式起重机)》《建筑起重机械安装拆卸工（施工升降机)》《建筑起重机械安装拆卸工（物料提升机)》《高处作业吊篮安装拆卸工》，其中，《建筑施工特种作业安全生产知识》为每个工种必修的基础知识，为通用教材。

本套教材针对建筑施工特种作业人员各工种的安全技术考核培训，紧扣考核大纲和技能操作考核标准，具有科学性、实用性和适用性的特点，内容深入浅出，通俗易懂并图文并茂。套书充分考虑实际培训的需要，以建筑施工特种作业人员安全技术培训实践为本套教材的基本定位，以服务于各培训单位和培训人员为目标，让学员高效地通过考核，成功取证。同时还可作为企事业单位安全管理人员的培训参考用书。本套教材编写过程中，得到了地方建筑工程管理局、相关高职院校、培训单位和企业的大力支持，这些单位的各书种主编都具有多年从事建筑特种作业人员培训的授课老师，使教材真正达到“少而精”“实用、管用”。参加本套书组织和编写的人员有：仝茂祥、徐惠、胡世杰、叶琦、伍广、舒世平、黄代高、吴建华、王有志、鲍利、任彦斌、黄小明、程国强、张鸿文、孙超、周冠南、文熠。在编写过程中得到仝茂祥、徐惠、胡世杰所在单位中国十七冶集团有限公司等企业的大力支持。

由于时间关系，难免有错误和不足之处，欢迎广大的读者给予批评指正。

编写工作组

2010年7月

目　录

第一部分　理论知识

第二部分　实践知识

第一部分

理论知识

第一章 专业基础知识

力学、电学、机械、液压基本理论知识是与塔式起重机密切相关的专业知识，掌握这四门专业知识是从事塔式起重机安装拆卸岗位能力的要求，也是起重安全作业的基本保障。

第一节　力学基本知识

力是物体间的相互机械作用，这种作用可以改变物体的运动状态或使物体发生形变。根据这一理论，塔式起重机司机如果不掌握力的机械作用，就很难认识改变物体的运动状态或使物体发生形变的根源。

一、力学基本概念

1. 力的概念

力是物体之间的相互作用。一个物体受到力的作用，一定有另一个物体对它施加作用。前者是受力物体，后者是施力物体。其结果是使物体的运动状态发生变化或使物体变形。

2. 力的三要素

力作用在物体上，要使物体产生预想的效果，这种效果不但与力的大小有关，而且与力的方向和力的作用点有关。在力学中，把力的大小、方向和作用点称为力的三要素。

3. 力的基本规律

在长期的生产实践中，人们经过经验的积累和实践的验证，逐渐认识了力所遵循的客观规律，其中最基本的规律可归纳为静力学定律。

（1）力的作用和反作用定律

力是物体间的相互作用，若将两物体间相互作用之一的受力称为作用力，则另一个就称为反作用力。两物体间的作用力和反作用力大小相等，方向相反，且沿同一条作用线分别作用在两个物体上。如图 1—1 所示，绳索的下端吊一重物，绳索给重物的作用力为 T，重物给绳索的反作用力为 T'，T 和 T' 等值、反向、共线，且分别作用在两个物体上。

作用力和反作用力分别作用在两个相互作用的物体上，因此，不能将作用力和反作用力看成一平衡力系而相互抵消。

（2）二力平衡定律

二力平衡定律是指作用在一个物体上的两个力，在同一条直线上大小相等、方向相反，其合力为零，使物体保持静止状态或匀速运动状态。如图 1—2 所示，若重物处于静止状态（或以等速上升），此时钢丝绳对重物的拉力 T 与重物重力 G 保持平衡，即 T 和 G 大小相等，方向相反，并沿同一作用线作用在同一物体上，简述为两个力的平衡条件是两个力的合力等于零，即 $G + T = 0$。

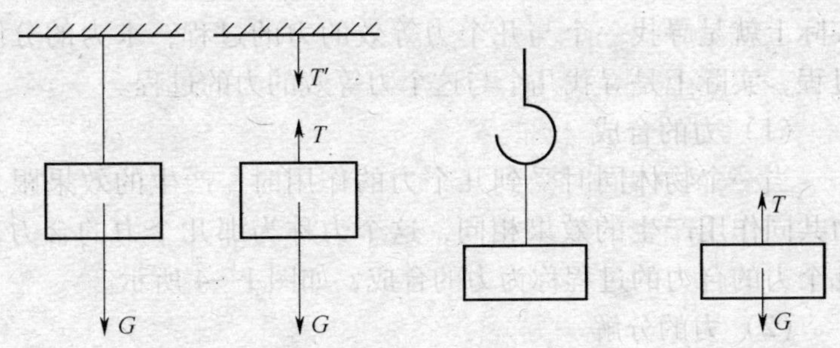

图 1—1　力的作用力和反作用力　　图 1—2　二力的平衡

（3）加减平衡力系定律

作用在同一个物体上的许多力称为力系。物体在力系作用下，保持平衡状态时，此力系称为平衡力系。在任意一个已知力系作用下，加上或减去任意平衡力系，不会改变原力系对物体的作用效应。

从上面的三条定律中可以得出一个重要推论：作用在物体上的力，其作用点可沿其作用线（作用线即通过力的作用点，沿力的方向的直线）移动到任何位置，且不会改变此力对刚体的作用效应，即为力的可传性，如图 1—3 所示。

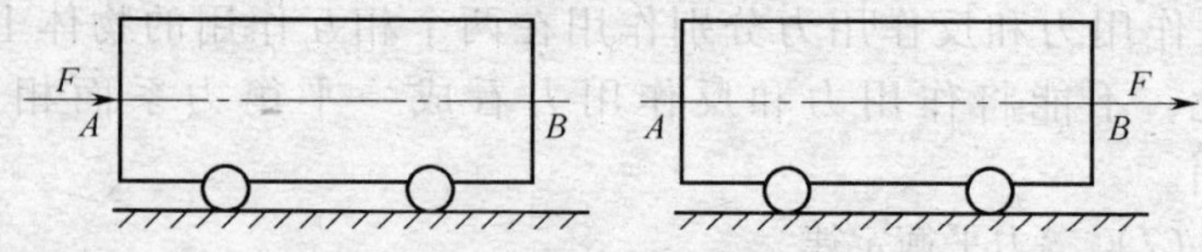

图 1—3　力的可传性

当力作用在 A 点，AB 是力 F 的作用线，此时是推车；当力作用在 B 点时，则是拉车。只要力 F 的大小、方向不变，无论作用于 A 点还是 B 点，其效果是完全相同的。

4. 力的合成与分解

力的合成与分解，体现了用等效的方法研究物理问题。力的合成与分解是处理力的一种手段和方法，求力的合成的过程实际上就是寻找一个与几个力等效的力的过程；求力的分解的过程，实际上是寻找几个与这个力等效的力的过程。

（1）力的合成

当一个物体同时受到几个力的作用时，产生的效果跟几个力共同作用产生的效果相同，这个力称为那几个力的合力，求几个力的合力的过程称为力的合成，如图 1—4 所示。

（2）力的分解

一个已知力（合力）作用在物体上产生的效果可以用两个或两个以上同时作用的力（分力）来代替。由合力求分力的方

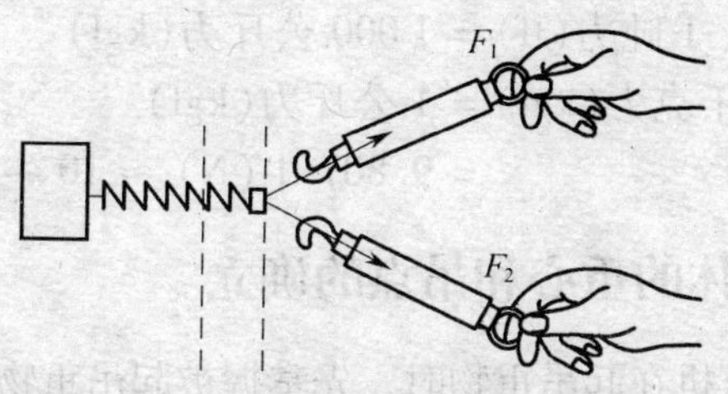

图 1—4　一个物体同时受到几个力的作用

法称为力的分解。力的分解可用下面两种方法进行：

1）图解法。力的分解是力的合成的逆运算，把已知力作为平行四边形的对角线，平行四边形的两个邻边就是这个已知力的两个分力，如图 1—5 所示。

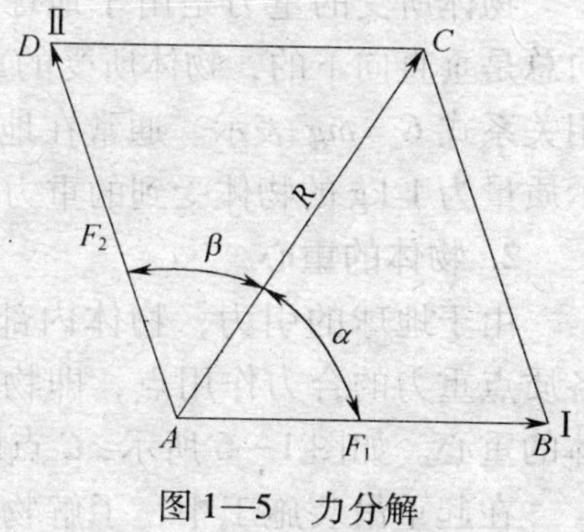

图 1—5　力分解

2）三角函数法。计算时，利用三角函数公式求力的分解。

$$F_1 = \frac{R\sin\beta}{\sin(\alpha+\beta)} \qquad F_2 = \frac{R\sin\alpha}{\sin(\alpha+\beta)}$$

5. 力的平衡

作用在物体上几个力的合力为零，这种情形称为力的平衡。

在起重吊装作业中，因力的不平衡可能造成被吊运物体的翻转、失控、倾覆，只有被吊运物体上的力保持平衡，才能保证物体处于静止或匀速运动状态，才能保持被吊物体稳定。

6. 力的单位

在国际计量单位制中，力的单位用牛顿或千牛顿表示，简写为牛（N）或千牛（kN）。工程上习惯采用公斤力、千克力（kgf）和吨力（tf）来表示。它们之间的换算关系为：

1 牛顿(N) = 0. 102 公斤力(kgf)

$$1\ 吨力(tf) = 1\ 000\ 公斤力(kgf)$$

$$1\ 千克力(kgf) = 1\ 公斤力(kgf) = 9.807\ 牛(N) \approx 10\ 牛(N)$$

二、物体的重心和吊点的确立

塔式起重机在起吊重物时，先掌握被起吊重物的重力和重心，只有掌握物体重力和确立被吊物的重心才能选择适宜的吊装方式。

1. 物体的重力

物体所受的重力是由于地球的吸引力而产生的，重力的方向总是垂直向下的，物体所受的重力 G 和物体的质量 m 成正比，用关系式 $G=mg$ 表示。通常在地球表面附近 g 取 9.8 N/kg，表示质量为 1 kg 的物体受到的重力为 9.8 N。

2. 物体的重心

由于地球的引力，物体内部各质点都要受到重力的作用，各质点重力的合力作用点，即物体各部分重力的集中点就是物体的重心。如图 1—6 所示，C 点即为物体的重心。

在起重吊装施工中，了解物体的重心是极其重要的。只有确定被吊物的重心位置，才能准确地选择好起吊点和绑挂方法。

如图 1—7 所示，有一长方形构件，现用一根绳起吊，先找出重心，然后将绳绑在与构件重心成一铅垂线上方的位置上，此时吊起，构件可保持平衡。

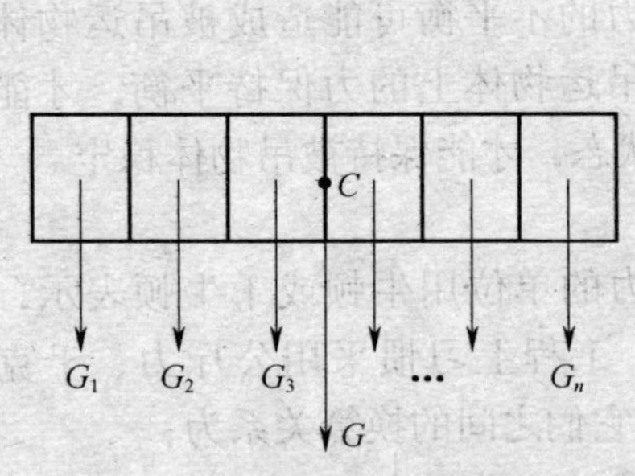

图 1—6　长方形构件吊装方法

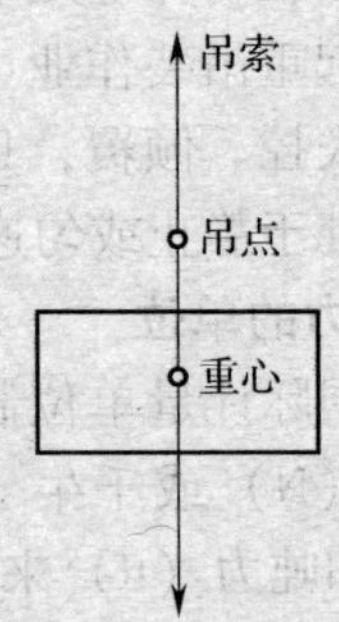

图 1—7　物体的重心

3. **重心位置的确定**

（1）规则形状物体的重心

对于具有对称轴或对称中心的物体，其重心在该对称轴或对称中心上。如正方体或长方体，其重心位置在对角线的交点上；圆棒的重心在其中间截面的交点上；三棱体的重心在其中间截面三角形的三条中线的交点上，如图 1—8 所示。

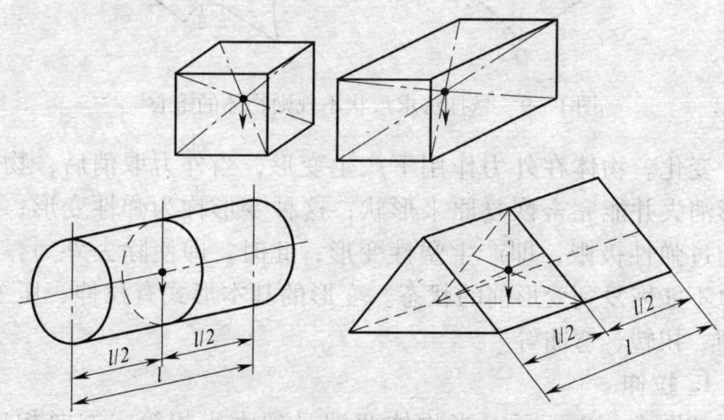

图 1—8　规则形状物体的重心

（2）不规则形状物体的重心

对形状复杂的物体，可以用悬挂法求出它们的重心，如图 1—9 所示。方法是在物体上任意找一点 *A*，用绳子把它悬挂起来，物体的重力和悬索的拉力必定在同一条直线上，也就是重心必定在通过 *A* 点所作的竖直线 *AD* 上；再取任一点 *B*，同样把物体悬挂起来，重心必定在通过 *B* 点所作的竖直线 *BE* 上。这两条直线的交点，就是该物体的重心。

三、物体变形的基本形式

变形（形变）是指物体由于应力、热膨胀、冷缩、化学转换、金相组合转变或水分变化引起收缩或膨胀所产生的形状或

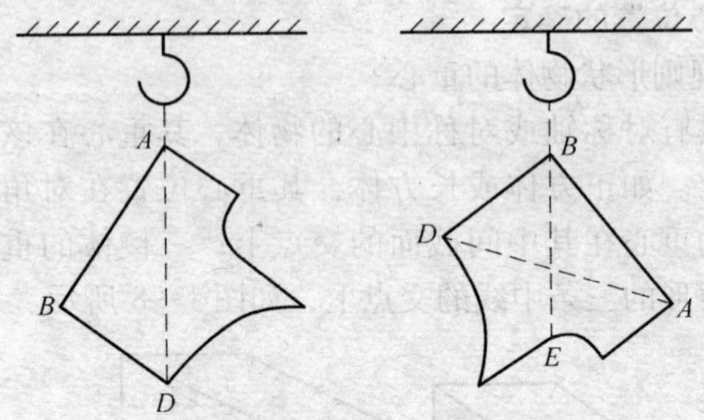

图 1—9　悬挂法求形状不规则物体的重心

尺寸变化。物体在外力作用下产生变形，当外力取消后，物体变形消失并能完全恢复原来形状，这种变形称为弹性变形；应力超过弹性极限，即产生塑性变形，此时，即使除去外力，物体也不能恢复到变形前的状态。变形的基本形式有拉伸、压缩、剪切、扭转、弯曲等。

1. 拉伸

如图 1—10 所示，当物体两端受到大小相等、方向相反、作用线在轴线上、外力为拉力作用时，物体变形伸长，这就是拉伸变形。起重机钢丝绳在频繁的起重作业中受拉伸作用加长变形，这种变形称为拉伸。

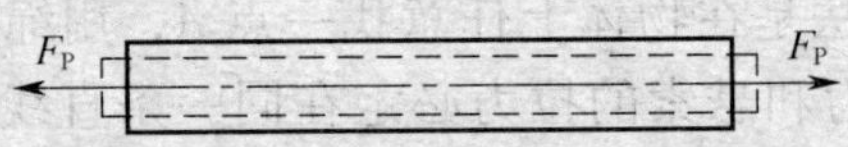

图 1—10　物体拉伸变形

2. 压缩

如图 1—11 所示，当物体两端受到大小相等、方向相反、作用线在轴线上、外力为压力作用时，物体就缩短，这种变形即为压缩变形。如起吊重物的钢索、桁架的杆件、液压油缸的活塞杆等的缩短变形都属于压缩变形。

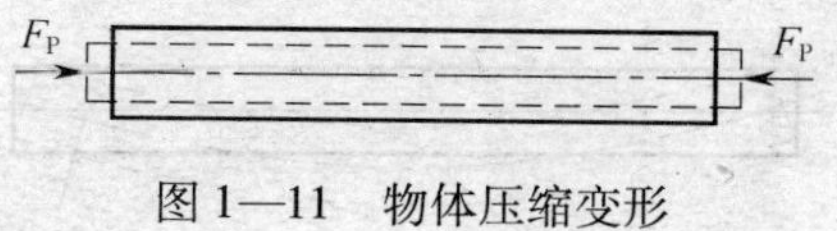

图 1—11　物体压缩变形

3. 剪切

如图 1—12 所示，物体受大小相等、方向相反、作用线距离较近的两外力作用时，物体上的两外力之间的局部出现错位，这种变形称为剪切变形，所受的力就是剪切力。

4. 扭转

如图 1—13 所示，当物体的两端受到大小相等、方向相反、作用面垂直于物体轴线的两个力作用时，使物体任意两截面出现绕轴线的相对转动，这种变形称为扭转，所受的力称为扭转力，在扭转力作用下产生的应力称为扭转应力。如电动机的输出轴、汽车的方向轴、变速箱的输出轴等都会产生扭转变形。

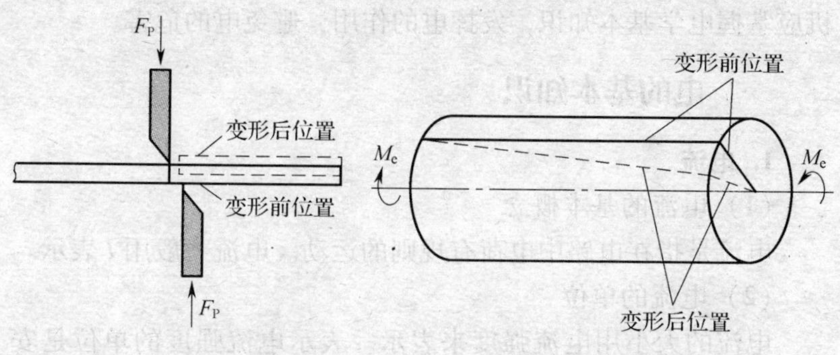

图 1—12　物体剪切变形　　图 1—13　物体扭转变形

5. 弯曲

如图 1—14 所示，当物体受到与其轴线垂直的外力或轴线平面内的力偶作用时，物体由直线变成曲线，这种变形称为弯曲变形。如桥式起重机大梁、建筑横梁受力后的变形就属于这种类型。

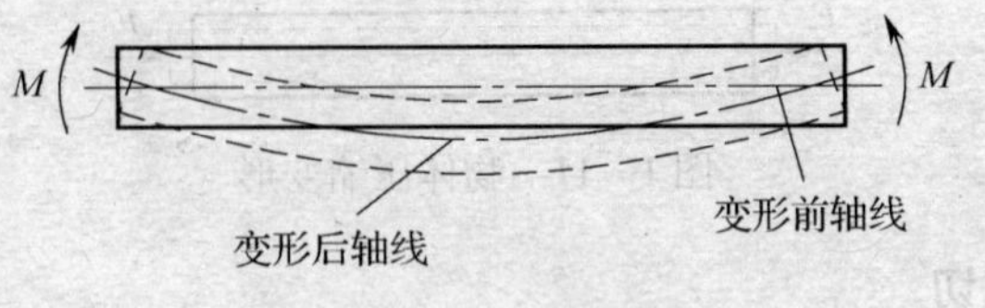

图 1—14　物体弯曲变形

第二节　电学基础知识

电在造福人类的同时，也带来了危险，它毁坏设备，引发火灾，还会造成人身伤亡事故。塔式起重机的动力源、电动设备、电气装置等无一例外与电紧密相连。因此，塔式起重机司机应掌握电学基本知识，发挥电的作用，避免电的危害。

一、电的基本知识

1. 电流

（1）电流的基本概念

电流是指在电路中电荷有规则的运动。电流一般用 I 表示。

（2）电流的单位

电流的大小用电流强度来表示。表示电流强度的单位是安培，简称安，用 A 表示。在有些电路中流过的电流很小，通常用毫安、微安来计量。

它们之间的换算关系是：

1 安培（A）＝1 000毫安（mA）

1 毫安（mA）＝1 000微安（μA）

（3）电流的分类

电流有交流和直流之分。大小和方向都不随时间变化的电流称为直流电，用字母“DC”或“－”表示。大小或方向随时间变化的电流称为交流电，用字母“AC”或“~”表示。

2. 电压

（1）电压的基本概念

电压是指电路中任意两点之间的电位差。电压用 U 表示。

（2）电压的单位

电压的基本单位是伏特，简称伏，用 V 表示，高电压用千伏（kV）表示，低电压用毫伏（mV）表示。

它们之间的换算关系是：

1 千伏（kV）＝1 000伏（V）

1 伏（V）＝1 000毫伏（mV）

（3）电压的测量

测量电压大小的仪表称为电压表，又称伏特表，分为直流电压表和交流电压表两类。测量时，必须将电压表并联在被测量电路中。每个伏特表都有一定的测量范围（即量程）。使用时，必须注意所测的电压不得超过伏特表的量程。

（4）电压的等级

电压按等级划分为高压、低压与安全电压。

高压指电气设备对地电压在 10 kV 以上，低压指电气设备对地电压为 10 kV 以下。安全电压有五个等级，即 42 V、36 V、24 V、12 V、6 V。

3. 电阻

（1）电阻的基本概念

电阻是指导体对电流的阻碍作用。

（2）电阻的单位

电阻用 R 表示，电阻单位是欧姆，简称欧，用 Ω 表示。测量大电阻值可用千欧（kΩ）或兆欧（MΩ）。

它们之间的换算关系是：

1 千欧（kΩ）＝1 000欧（Ω）

1 兆欧（MΩ）=1 000 000 欧（Ω）

（3）电阻的测量

一般采用万用表测量法，把万用表转换开关拨至电阻挡（×1，×10，×100，×1 k），选择适当的量程，两表笔短接后旋转调零旋钮使指针指在零刻线上，然后两表笔分别接触待测电阻的两端，从万用表指针所指的数值即可知道电阻值（电阻值等于指示数值乘以所选量程的倍数）。

二、电路

1. 电路的基本概念

电路是指电流流通的路径。电路的作用是产生、分配、传输和使用电能。电路一般由电源、负载、导线和控制器四个基本部分组成，如图 1—15 所示。

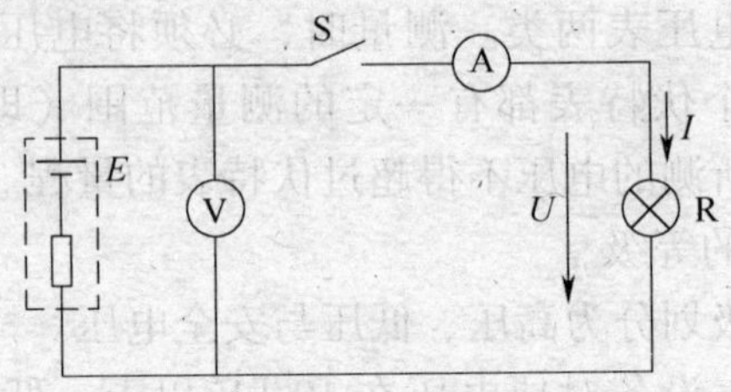

图 1—15　电路示意图

2. 电路的类别

（1）按照负载的连接方式，电路可分为串联电路和并联电路。电路中电流依次通过每一个组成元件的电路称为串联电路。所有负载（电源）的输入端和输出端分别被连接在一起的电路称为并联电路。

（2）按照电流的性质，电路分为交流电路和直流电路。电压和电流的大小及方向随时间变化的电路称为交流电路。电压和电流的大小及方向不随时间变化的电路称为直流电路。

3. 电路的状态

（1）通路

当电路的开关闭合，负载中有电流通过时称为通路，电路正常工作状态为通路。

（2）开路

即断路，指电路中开关打开或电路中某处断开时的状态，开路时电路中无电流通过。

（3）短路

电源两端的导线因某种事故未经过负载而直接连通时称为短路。短路时负载中无电流通过，流过导线的电流比正常工作时大几十倍甚至数百倍，短时间内就会使导线产生大量的热量，造成导线熔断或过热而引发火灾，短路是一种事故状态，应避免发生。

三、电功、电功率

1. 电功

电场力推动自由电子定向移动所做的功，通常称为电流所做的功即电功，电功用 W 表示。

国际单位是焦耳，简称焦，用 J 表示。

常用单位是千瓦时，用 kW · h 表示。

换算关系：$1\ \text{kW} \cdot \text{h} = 3.6 \times 10^6\ \text{J}$。

2. 电功率

表示电流做功快慢的物理量，即电流在单位时间内完成的功，简称功率，用 P 表示。公式：$P = W/t = UI$

国际单位是瓦特，简称瓦，用 W 表示。

常用单位是千瓦，用 kW 表示。

换算关系：$1\ \text{kW} = 1\ 000\ \text{W}$

电功和电功率的区别与联系见表 1—1。

表 1—1　　电功和电功率的区别与联系

特点比较 \ 物理量	电功	电功率
概念	电流所做的功	电流在单位时间内所做的功
意义	电流做功多少	电流做功快慢
公式	$W = UIt$	$P = UI$
单位	焦耳、千瓦时	瓦特、千瓦
测量方法	用电能表直接测量	用伏安法间接测量
联系	$W = Pt$	$P = \frac{W}{t}$

四、三相交流电

1. 三相交流电的基本概念

三相交流电是由三个频率相同、电势振幅相等、相位互差 120°的交流电路组成的电力系统。我国工业生产上普遍采用三相交流电。塔式起重机一般采用三相交流电作为动力源。

2. 三相四线制供电方式

三相四线制采取 TN 方式将电气设备的金属外壳与工作零线相接，形成保护系统，称为接零保护系统，用 TN 表示。TN—C 方式供电系统是用工作零线兼做接零保护线，可以称为保护中性线，用 NPE 表示，即常用的三相四线制供电方式。由于三相四线制供电方式缺乏可靠的安全保障性，因此已被三相五线制供电方式取代。

3. 三相五线制供电方式

在三相四线制供电系统中，把零线的两个作用分开，即一根线做工作零线（N），另外一根线专做保护零线（PE），这样的供电接线方式称为三相五线制供电方式。三相五线制包括三根相线、一根工作零线、一根保护零线。三相五线制的接线方式如图 1—16 所示。

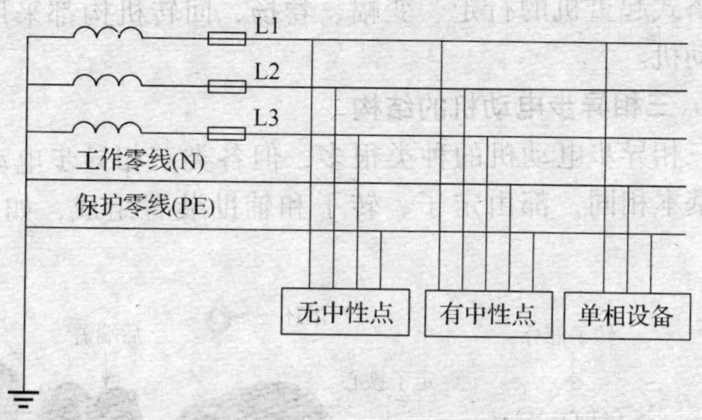

图 1—16　三相五线制的接线方式

五、三相异步电动机

1. 三相异步电动机的概念

三相异步电动机是三相对称电流流入对称的三相定子绕组，在定子绕组的空间产生一个圆形的旋转磁场，旋转磁场与转子导体之间有相对运动，转子导体中产生感应电流，感应电流在磁场中受到电磁力的作用产生电磁转矩，顺着旋转磁场的方向旋转，从而实现电能向机械能的转换。三相异步电动机也称三相感应电动机，其转子感应结构分为两种类型，即笼型异步电动机和绕线型异步电动机，如图 1—17、图 1—18 所示。

图 1—17　笼型异步电动机

图 1—18　绕线型异步电动机

塔式起重机的行走、变幅、卷扬、回转机构都采用三相异步电动机。

2. 三相异步电动机的结构

三相异步电动机的种类很多，但各类三相异步电动机的结构都基本相同，都由定子、转子和辅助装置组成，如图 1—19 所示。

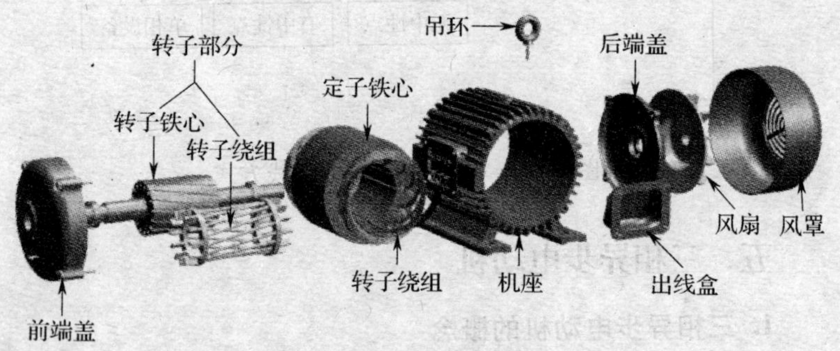

图 1—19　三相异步电动机的主要部件

3. 三相异步电动机的铭牌

电动机出厂时，机座上标有一块铭牌，上面标有该电动机的型号、规格和有关数据。

（1）铭牌标志

以 Y132M－4 型电动机为例，型号 Y132M－4 的各个字母和数字含义如下：

Y 表示异步电动机，132 表示机座号，M 表示机座长度代号，4 表示电动机的磁极数。

三相异步电动机		
型号　Y132M - 4	功率　7.5 kW	频率　50 Hz
电压　380 V	电流　15.4 A	接法　△
转速　1 440 r/min	绝缘等级　B	工作方式　连续
年　月　编号		× × 电机厂

（2）技术参数

1）额定功率。是指电动机的额定功率，也称额定容量，表示电动机在额定工作状态下运行时，轴上能输出的机械功率，单位为 W 或 kW。

2）额定电压。是指电动机在额定功率下运行时外加于定子绕组上的线电压，单位为 V 或 kV。

3）额定电流。是指电动机在额定电压和额定输出功率时定子绕组的线电流，单位为 A。

4）额定频率。是指电动机在额定功率下运行时电源的频率，单位为 Hz。

5）额定转速。是指电动机在额定功率下运行时的转速，单位为 r/min。

6）接线方法。表示电动机在额定电压下运行时，三相定子绕组的接线方式。目前电动机铭牌上给出的接法有两种：一种是额定电压为 380/220 V，接法为 Y/△；另一种是额定电压 380 V，接法为△。

7）绝缘等级。是指电动机绕组所采用绝缘材料的耐热等级，它表明电动机所允许的最高工作温度，见表 1—2。

表 1—2　绝缘等级

绝缘等级	Y	A	E	B	F	H	C
最高工作温度（℃）	90	105	120	130	155	180	>180

4. 三相异步电动机的运行与维护

（1）电动机启动前的检查

对新安装或久未运行的电动机，在通电使用之前应进行下列检查：

1）安装检查。要求电动机装配灵活，螺栓拧紧，轴承运行无阻，联轴器中心无偏移等。

2）绝缘电阻检查。要求用兆欧表检查电动机的绝缘电阻，包括三相相间绝缘电阻和三相绕组对地绝缘电阻，测得的数值一般不小于10 MΩ。

3）启动保护措施检查。要求启动设备接线正确，漏电保护器性能正常，外壳接地良好。

以上各项检查无误后方可合闸启动电动机。

（2）启动时的注意事项

1）合闸后，若电动机不转，应迅速、果断地拉闸，以免烧毁电动机。

2）电动机启动后，应注意观察电动机，若有异常情况，应立即停机。待查明故障并排除后，才能重新合闸启动。

3）笼型电动机采用全压启动时，次数不宜过于频繁，一般不超过3次。对功率较大的电动机要随时注意电动机的温升。

4）绕线转子电动机启动前，应注意检查启动电阻是否接入。接通电源后，随着电动机转速的提高而逐渐切断启动电阻。

5）几台电动机由同一台变压器供电时，不能同时启动，应由大到小逐台启动。

（3）运行中的监视

1）对运行中的电动机应经常检查其外壳有无裂纹，螺钉是否有脱落或松动，电动机有无异响或振动等。

2）监视时，要特别注意电动机有无冒烟和异味出现，若嗅到焦煳味或看到冒烟，必须立即停机检查处理。对轴承部位，要注意其温度和响声。温度升高、响声异常则可能是轴承缺油或磨损。

（4）电动机的定期维修

1）擦拭电动机外壳，除掉运行中积累的污垢。

2）测量电动机绝缘电阻，测量后注意重新接好线，拧紧接线螺钉。

3）检查电动机端盖、地脚螺钉是否紧固。

4）检查电动机接地线是否可靠。

5）检查电动机与负载机械间的传动装置是否良好。

6）必要时打开电动机更换电刷，拆下轴承盖加注轴承润滑油。

六、低压电器基本知识

1. 低压电器的概念

低压电器是用于交流 50 Hz（或 60 Hz），额定电压为1 000 V以下，直流额定电压1 200 V 及以下的电路中的电气元件。塔式起重机通常采用小于1 000 V 交流电压供电，因此，配电电器和控制电器都采用低压电器。

2. 常见的低压电气元件

（1）漏电保护器

漏电保护器是防止设备绝缘损坏和接地漏电故障造成电气设备和人身伤害事故的保护性电气元件，也称剩余电流动作保护器。漏电保护器的漏电附件与相应断路器配合使用，除了具有漏电保护作用外，还具有断路和过载保护作用。如图 1—20 所示。

（2）空气断路器

空气断路器在电路中用于接通、分断和承载额定工作电流及短路、过载等故障电流，当电路内发生过负荷、短路、电压降低或消失时，能自动切断电路，进行可靠的保护，也称空气开关。如图 1—21 所示。

图 1—20　漏电保护器

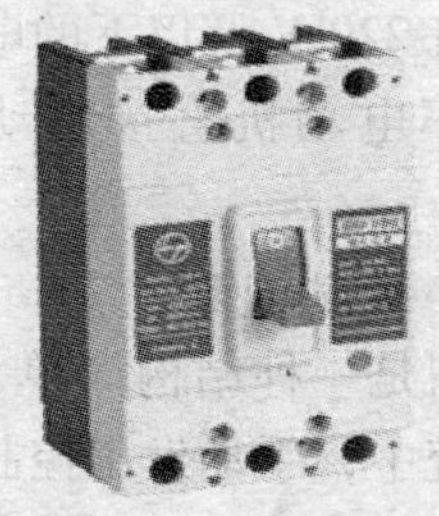

图 1—21　空气断路器

(3) 刀开关

刀开关又称闸刀，是手动电器中结构最简单的一种，在各种供电线路和配电设备中做隔离开关，属配电类开关电器。常用的刀开关有开启式负荷开关、封闭式负荷开关、隔离开关等。开启式负荷开关一般用于二级配电箱内，开启式负荷开关如图1—22 所示。刀开关的结构和符号，如图 1—23 所示。

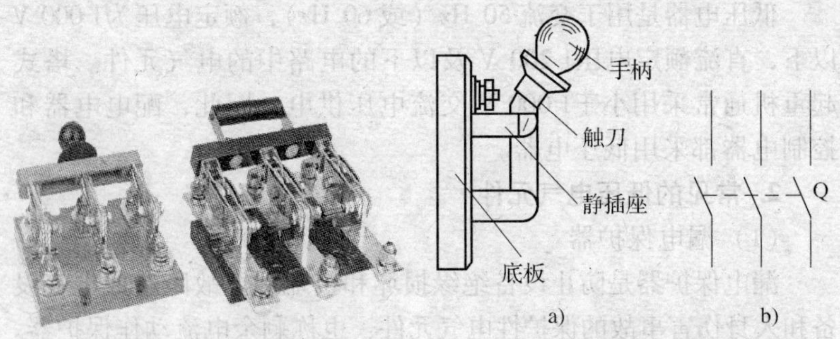

图 1—22 开启式刀开关　图 1—23 刀开关的结构和符号

a) 结构 b) 符号

(4) 万能转换开关

万能转换开关是一种多对触头、多个挡位的转换开关，是控制多回路的主令电器，其触头挡数多、换接线路多、用途广泛，故有“万能”之称，也称组合开关。一般可作为多种配电装置的远距离控制，万能转换开关可用做交流 50 Hz、380 V 以下和直流 220 V 及以下的电源引入开关，也可以用于 4 kW 及以下小功率电动机直接启动和正反转的控制开关，如图 1—24 所示。

(5) 控制按钮

按钮是一种结构简单、应用广泛的低压手动电器。在低压控制系统中，手动发出控制信号，可远距离操纵各种电磁开关，如继电器、接触器等，转换各种信号电路和电气连锁电路。

选择控制按钮时应掌握控制按钮标示的结构代号含义及铭

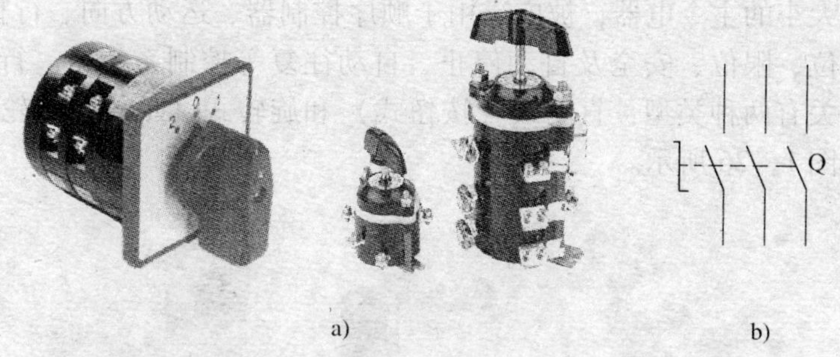

图 1—24　组合开关的结构与符号

a）万能转换开关外形　b）符号

牌标示。K 表示开启式，H 表示保护式，S 表示防水式，F 表示防腐式，J 表示紧急式，D 表示带指示灯式，X 表示旋钮式，Y 表示钥匙式。如图 1—25 所示。

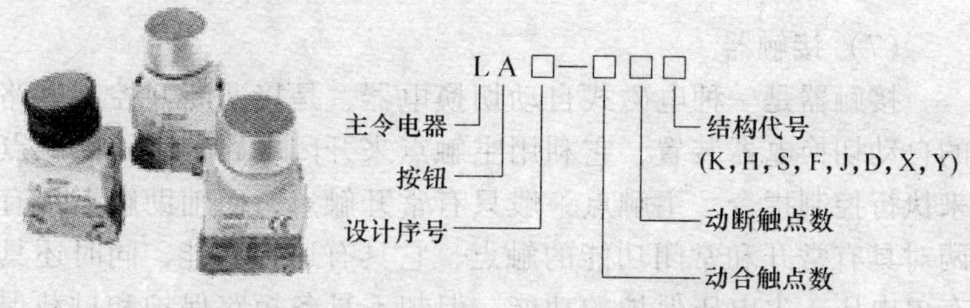

图 1—25　控制按钮的结构代号及铭牌标示

（6）行程开关

行程开关是防止塔式起重机各种运动机构超过极限位置的安全装置。当各种运动机构到达极限位置时，行程开关被触动，从而切断电源。

行程开关又称限位开关或终点开关，是一种将机械信号转换为电信号来控制运动部件行程的开关元件。它不用人工操作，而是利用机械某些运动部件上的挡铁碰撞其滚轮使触头动作来实现接通或分断电路的。行程开关是控制自身的运动方向或行程大小的主令电器，被广泛用于顺序控制器、运动方向、行程、零位、限位、安全及自动停止、自动往复等控制系统中。行程开关有两种类型：直动式（按钮式）和旋转式（单轮和双轮），如图 1—26 所示。

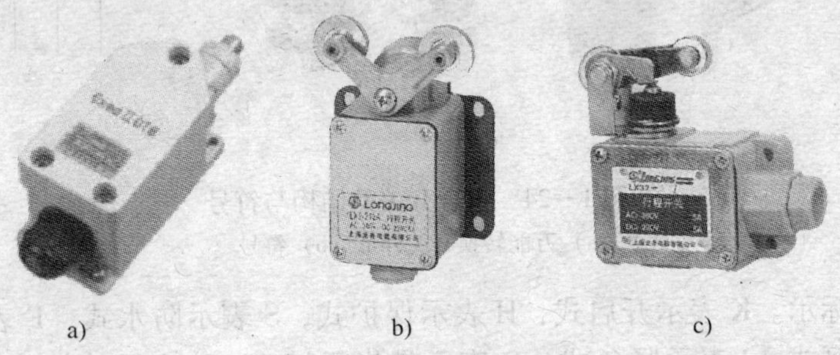

a）　　　　b）　　　　c）

图 1—26　行程开关

a）直动式行程开关　b）单轮旋转式行程开关　c）双轮旋转式行程开关

（7）接触器

接触器是一种电磁式自动切换电器，是接通断开控制电路的自动切换电器装置，它利用主触点来开闭电路，用辅助触点来执行控制指令。主触点一般只有常开触点，而辅助触点常有两对具有常开和常闭功能的触点，它具有遥控功能，同时还具有欠电压、失电压保护的功能，但却不具备短路保护和过载保护功能。接触器的主要控制对象是电动机。如图 1—27 所示。

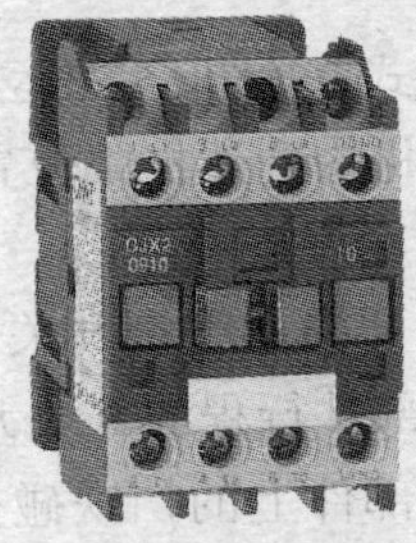

图 1—27　接触器

（8）继电器

继电器是一种自动控制和保护的电气元件，在一定的输入参数下，它受输入端的影响而使输出参数有跳跃式的变化，适用于接通或断开小电流电路。常用的继电器有中间继电器、热继电器、时间继电器、温度继电器等。

（9）熔断器

熔断器是一种应用广泛、简单有效的保护电器，常在低压电路中起过载保护和短路保护作用。它串联在电路中，当通过的电流大于规定值时，熔体熔化而自动分断电路。

（10）主令控制器

主令控制器又称主令开关，主要用于电气传动装置中，按一定顺序分合触头，达到发布命令或其他控制线路连锁、转换的目的，适用于频繁对电路进行接通和切断，常配合磁力启动器对绕线式异步电动机的启动、制动、调速及换向实行远距离控制，广泛用于塔式起重机联动操作台的控制系统中。如图1—28所示。

图1—28　继电器和主令控制器

3. 安装和维护低压电器的注意事项

（1）低压电器应装在无强烈振动的地点，距地面应有适当高度。

（2）低压电器应垂直安装，倾斜度一般不应超过5°；对于油浸电器，绝对不许绝缘油溢出；电器的固定应使用螺栓，不得焊接固定。

（3）安装新低压电器之前，应清除电气元件各接触面上的保护油层，以防接触不良。

（4）低压电器外壳是金属的，都应采取防止间接触电的接地或接零保护措施，电器的裸露部分应有防护罩，以防止直接触电。

（5）低压电器的防护应与安装地点的环境条件相适应，在有爆炸、火灾危险的场所及有大量粉尘或潮湿的地点，都应安装具有相应防护措施的电器。

（6）维护低压电器时应注意电器的触头是否接触良好、紧密，各相触头是否动作一致，灭弧装置是否保持完整和清洁。

第三节　机械基础知识

一、机械基础概述

1. 机器

机器是由零件组成的执行机械运动的装置。机器由五个部分组成，分别是动力部分、工作部分、传动部分、控制部分、安全部分。动力部分是机器能量的来源，它将各种能量转变为机械能，常用的原动力机器有电动机、内燃机等。工作部分是直接实现机器特定功能、完成生产任务的部分，其结构形式取决于机器本身的用途。传动部分是按工作要求将动力部分的运动和动力传递、转换或分配给工作部分的中间装置。控制部分是控制机器启动、停止和变更运动参数的部分。安全部分是防止机器在运行中因误操作或机器零部件功能突然缺失而产生危险，中断机器正常运行，防止事故发生，实现本质安全的冗余设计和技术措施。

2. 机构

机构是由两个或两个以上构件通过活动连接件形成的构件系统。

3. 机械

机械是利用力学原理组成的装置，机械是机器和机构的总称。

4. 机电一体化

机电一体化是将机械技术和电子技术集于一体的技术。

二、机械传动

1. 齿轮传动

齿轮传动是利用两齿轮的轮齿相互啮合传递动力和运动的机械传动装置。常见的齿轮传动方式有直齿圆柱齿轮、斜齿圆柱齿轮、直齿锥齿轮、蜗杆与蜗轮等，如图 1—29 所示。塔式起重机上的减速机构依靠齿轮传动。

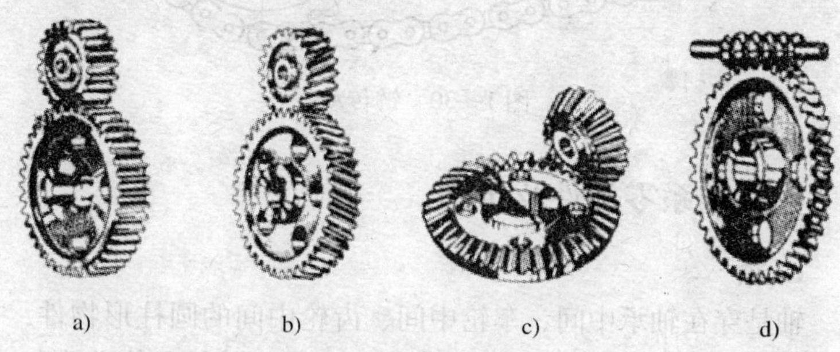

a)　　b)　　c)　　d)

图 1—29　齿轮传动方式

a）直齿圆柱齿轮　b）斜齿圆柱齿轮

c）直齿锥齿轮　d）蜗杆与蜗轮

齿轮传动的特点是：传动平稳，传动比精确，工作可靠、效率高、使用寿命长，使用的功率、速度和尺寸范围大。

2. 带传动

带传动由主动轮、从动轮和传动带组成，靠带与带轮之间的摩擦力来传递运动和动力。塔式起重机上的空调装置是带传动。

3. 链传动

链传动是通过链条将具有特殊齿形的主动链轮的运动和动力传递到具有特殊齿形的从动链轮的一种传动方式。链传动由主动链轮、链条和从动链轮组成，工作时，通过链条的链节与链轮轮齿的啮合来传递运动和动力。如图 1—30 所示。

轨道式塔式起重机的行走部分采取了链传动方式。

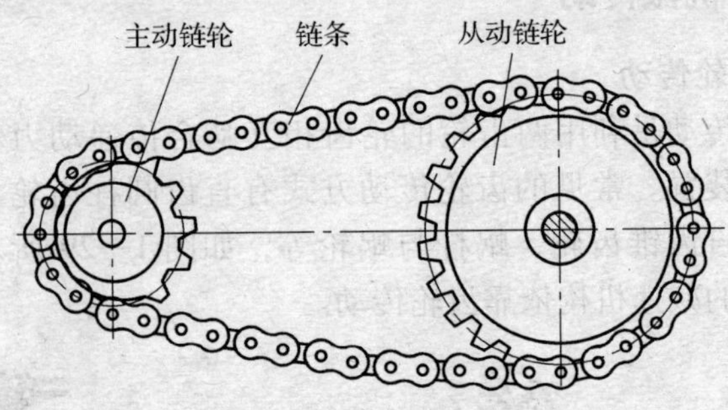

图 1—30　链传动

三、轴系零部件及传动

1. 轴

轴是穿在轴承中间、车轮中间、齿轮中间的圆柱形物件，一切做旋转运动的传动零件都安装在轴上以实现旋转和传递动力。

根据轴线形状的不同，轴主要分为曲轴、直轴和台阶轴三类，如图 1—31 所示。根据轴的承载情况可分为转轴、心轴、传动轴。转轴工作时既承受弯矩又承受转矩，如塔式起重机中各种减速器中的轴。心轴用来支撑转动零件，只承受弯矩而不传递转矩，如轨道式塔式起重机行走部分的轴。传动轴用来传递转矩而不承受弯矩，如塔式起重机回转运行机构、小车变幅机构等。

2. 联轴器

联轴器用来连接不同机构中的两根轴（主动轴和从动轴），使之共同旋转以传递转矩。在高速重载的动力传动中，有些联

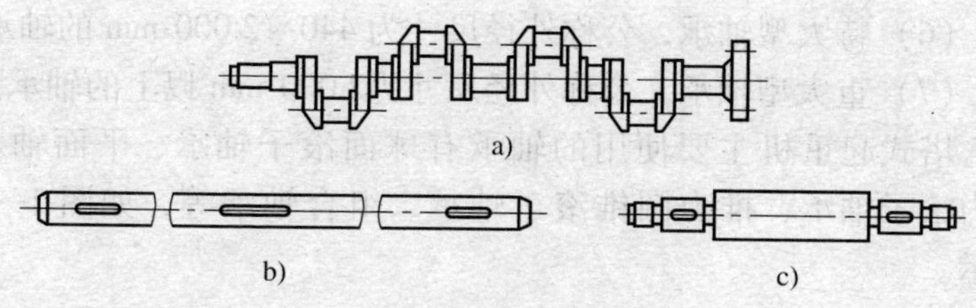

图 1—31 轴

a）曲轴 b）直轴 c）台阶轴

轴器还有缓冲、减振和提高轴系动态性能的作用。联轴器分为刚性、挠性和安全联轴器三大类，如图 1—32 所示。

图 1—32 联轴器

a）刚性联轴器 b）挠性联轴器 c）安全联轴器

3. 轴承

轴承是机械中用于支撑轴颈的部件。当其他机件在轴上彼此产生相对运动时，用来保持轴的中心位置及控制该运动的机件称为轴承。它能保证轴的旋转精度，减小转动时轴与支撑间的摩擦和磨损。

轴承按尺寸大小可分为七类。

（1）微型轴承，公称外径尺寸为 26 mm 以下的轴承。

（2）小型轴承，公称外径尺寸为 28 ~ 55 mm 的轴承。

（3）中小型轴承，公称外径尺寸为 60 ~ 115 mm 的轴承。

（4）中大型轴承，公称外径尺寸为 120 ~ 190 mm 的轴承。

（5）大型轴承，公称外径尺寸为 200 ~ 430 mm 的轴承。

（6）特大型轴承，公称外径尺寸为440～2 000 mm 的轴承。

（7）重大型轴承，公称外径尺寸为2 000 mm 以上的轴承。

塔式起重机主要使用的轴承有球面滚子轴承、平面轴承、推力滚子轴承、推力圆锥滚子轴承、组合轴承等，如图 1—33 所示。

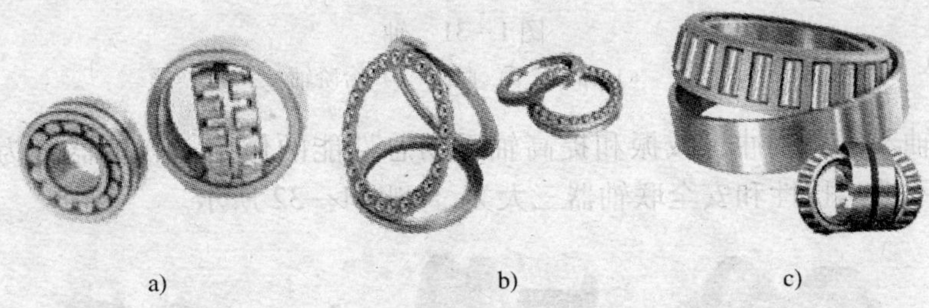

图 1—33　轴承

a）球面滚子轴承　b）平面轴承　c）推力滚子轴承

4. 轴瓦

轴瓦是滑动轴承和轴接触的部分，是滑动轴承的关键元件，也称轴衬，形状为瓦状的半圆柱面，如图 1—34 所示。

图 1—34　轴瓦

滑动轴承工作时，轴瓦与转轴之间要求有一层很薄的油膜起润滑作用。轴瓦可能由于负荷过大、温度过高、润滑油存在杂质或黏度异常等因素造成烧瓦，烧瓦后滑动轴承就会损坏。

四、机械工作装置

1. 离合器

离合器是指传递、截断引擎动力的机构，起到分离与闭合作用，离合器位于发动机和变速箱之间的飞轮壳内，用螺钉将离合器总成固定在飞轮的后平面上，离合器的输出轴就是变速箱的输入轴。在配合塔式起重机安装的流动式起重机中，当驾驶员根据需要踩下或松开离合器踏板，使发动机与变速箱暂时分离和逐渐接合时，可切断或传递发动机向变速器输入的动力。

2. 制动器

制动器是使机械中的运动件停止或减速的装置，俗称刹车闸。制动器主要由制动架、制动件和操纵装置等组成。有些制动器还装有制动件间隙的自动调整装置。制动器可以分为摩擦式和非摩擦式两大类。

制动器按制动件所处工作状态还可分为常闭式制动器（常处于紧闸状态，需施加外力方可解除制动）和常开式制动器（常处于松闸状态，需施加外力方可制动）。

按操纵方式可分为人力、液压、气压和电磁力操纵的制动器。

塔式起重机一般在起升、回转、变幅机构安装有以下几种制动器：

（1）外抱块式制动器

在如图 1—35 所示状态中，电磁铁线圈断电，主弹簧将左、右两制动臂收拢，两个瓦块同时压紧制动轮，此时为制动状态。当电磁铁线圈通电时，电磁铁逆时针转动，迫使推杆向右移动，于是主弹簧被压缩，左、右两制动臂的上端距离增大，两瓦块离开制动轮，制动器处于开启状态。

（2）带式制动器

带式制动器（见图 1—36）是由包在制动轮上的制动带与制动轮之间产生的摩擦力矩制动的，在重锤 3 的作用下，制动带 1 紧包在制动轮 2 上，从而实现制动，松闸时，则由电磁铁 4 或人力提升重锤来实现。

（3）内张蹄式制动器

内张蹄式制动器（见图 1—37）是由两个制动蹄 1 分别与机

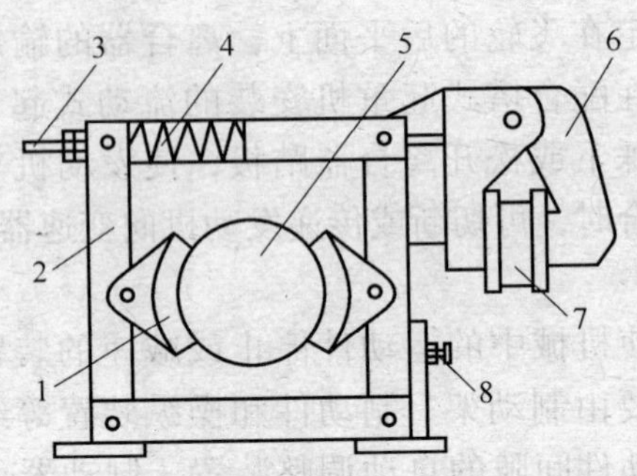

图 1—35　外抱块式制动器结构

1—制动瓦块　2—制动臂　3—推杆　4—主弹簧　5—制动轮
6—衔铁　7—电磁线圈　8—间隙调整螺栓

架的制动底板铰接，制动轮 3 与被制动轴连接。制动蹄与制动箍 6 保持一定的间隙，当压力油进入油缸 4 后，推动左、右两活塞，两制动蹄在活塞的推动力 F 作用下，压紧制动轮内圆柱面，加大制动蹄与制动箍的摩擦因数，从而实现制动。松闸时，将油路卸压，回位弹簧 5 收缩，使制动蹄离开制动箍，实现松闸。

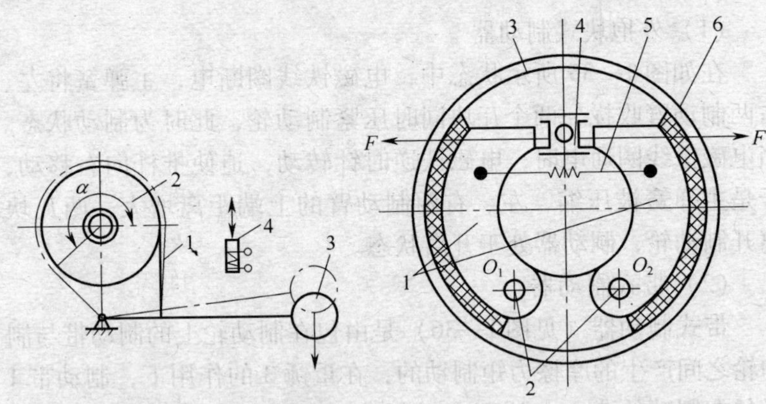

图 1—36　带式制动器

1—制动带　2—制动轮
3—重锤　4—电磁铁

图 1—37　内张蹄式制动器

1—制动蹄　2—偏心轴　3—制动轮
4—油缸　5—回位弹簧　6—制动箍

（4）电磁双瓦块制动器

塔式起重机提升机构的制动器设置在高速轴上。由于提升机构选用常闭型，有结构简单、安装方便、附加载荷小等特点，一般选用电磁双瓦块制动器，如图 1—38 所示。

3. 卷扬机

卷扬机（见图 1—39）是以电动机为动力，经弹性联轴节，三级封闭式齿轮减速箱，牙嵌式联轴节驱动卷筒来完成牵引工作的机械装置。在塔式起重机的起重起升、小车变幅机构中采用了卷扬机实现垂直提升、水平拽引重物。

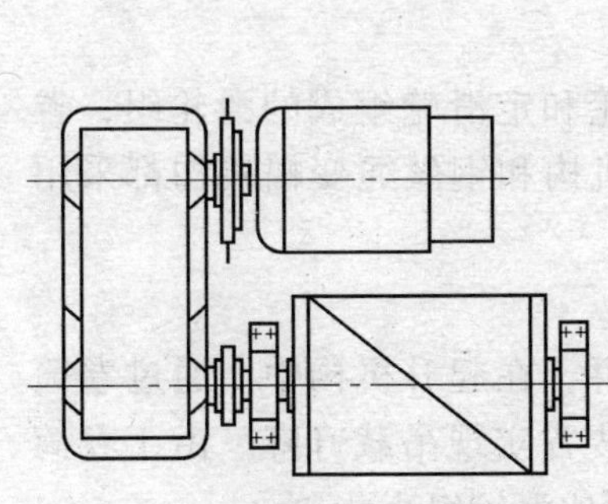

图 1—38　电磁双瓦块制动器

图 1—39　卷扬机

4. 减速机

减速机是一种动力传递机构，利用齿轮的速度转换器，将电动机的回转数减速到所要的回转数，并得到较大转矩的机构。塔式起重机的回转机构就是应用减速机实现了速度与转矩的转换。

五、滑轮和卷筒

滑轮和卷筒是钢丝绳的承载部件。在塔式起重机使用钢丝绳的起升机构、挠性变幅机构和牵引小车式运行机构等工作机构中，滑轮、卷筒和钢丝绳三者共同组成卷绕系统实现运动形式的转变，即把由电动机输入的回转运动转换成执行装置的直线动作。

1. 滑轮与滑轮组

（1）滑轮和滑轮组基本概念

滑轮和滑轮组是起重吊装、搬运作业中较常用的起重工具。在起重作业中，滑轮与卷扬机配合使用能起吊和搬运很重的物体。定滑轮和动滑轮的组合又可称为滑轮组。

（2）滑轮的构造

滑轮由轮缘、轮辐、轮毂组成，轮缘通过绳槽来承载钢丝绳，整个滑轮通过轮毂固定在滑轮轴的轴承上，由轮辐将轮缘与毂轮连接起来。

（3）滑轮组

钢丝绳依次穿绕过若干动滑轮和定滑轮组成的滑轮组，省力效果更加显著。起重机的起升机构和钢丝绳变幅机构都采用省力滑轮组。

2. 滑轮和卷筒

卷筒是用来卷绕钢丝绳的部件，在起升机构中，通过卷筒收放钢丝绳，带动滑轮组和取物装置实现吊载升降。由于卷筒只有单方面的绕进或绕出，损耗要比滑轮组小些。

（1）钢丝绳在卷筒上的固定方法

通常采用压板螺栓或楔块，利用摩擦原理来固定钢丝绳尾部。楔块固定法常用于直径较小的钢丝绳，由于不需要用螺栓，适用于多层缠绕卷筒。压板固定法利用压板和压紧螺钉固定钢丝绳，方法简单，工作可靠，便于观察和检查，适用于单层卷绕的卷筒。

（2）卷筒使用安全要求和报废

对钢丝绳尾端的固定情况，应每月检查一次。在任何使用条件下，都必须保证钢丝绳在卷筒上保留足够的安全圈。单层缠绕卷筒的筒体端部应有凸缘，在卷筒全部收回钢丝绳后，端部凸缘富余的高度应大于钢丝绳的2倍，以防止钢丝绳从卷筒端部滑脱。当卷筒出现裂纹、筒壁磨损量达原壁厚的20%或绳槽磨损量大于钢丝绳直径1/4且不能修复时，卷筒应报废。

第四节　液压传动基础知识

一、液压传动基本理论知识

1. 液压传动基本概念

使用液体作为工作介质，将发动机或电动机的动力传给工作装置的传动方式称为液体传动，又分为液压传动和液力传动。利用密闭工作容积内液体的压力能来传递动力的，称为液压传动；利用运动液体的动能来传递动力的，称为液力传动。起重机械主要利用液压传动，以液体压力进行能量的传递。

2. 液压传动系统基本概念

液压传动工作原理是利用液压泵将电动机的机械能转换为液体的压力能，通过液体压力能的变化来传递能量，经过各种控制阀和管路的传递与控制，借助于液压执行元件（液压缸或液压马达）把液体压力能转换为机械能，从而驱动工作机构，实现直线往复运动或回转运动。

二、塔式起重机的液压顶升系统工作原理

塔式起重机液压顶升系统中的主要元器件包括液压泵、液压缸、控制元件、油管和管接头、油箱和液压油滤清器等。液压泵把油吸入并通过管道输送给液压缸，从而使液压缸得以进行正常运作。液压泵可以看成是液压系统的心脏，是液压系统的能量来源。自升式塔式起重机顶升系统的液压缸、液压泵和阀均设于爬升套架的一侧，顶升时，由起重吊钩吊起标准节送

进引进小车梁上。然后开动电动机使液压缸工作，顶起上部结构。支撑起塔式起重机套架上的爬爪，收回活塞，再次顶升，如此经过两个工作循环，便可顶升接高一个标准节。图 1—40 所示为塔式起重机液压顶升机构工作原理。在此系统中，顶升过程及动力传递路线是：接通电源，电动机开动，带动液压齿轮泵，输出油压，通过高压油管至手动三位四通换向阀。在液压泵输出端至换向阀之间装有一只压力表，用以监测油液压力。手动三位四通换向阀用以控制进油和回油方向，液压油由手动换向阀输出后，经过平衡阀输入到液压缸中去，进行活塞杆的升降（升缩）动作，从而完成一个顶升循环。液压缸的高压油腔连接有平衡阀，其主要目的是防止系统突然发生事故（如管路爆裂、突然停止供油或泄漏），活塞杆不致因自重或塔式起重机上部载荷作用而产生超速下降。另外，与手动换向阀并联回油箱的管路中，还装有一只溢流阀，除确保安全工作外，还可调节和稳定系统的压力。在液压泵和手动三位四通换向阀的回油管路中装有滤油器，以保持液压油的洁净。

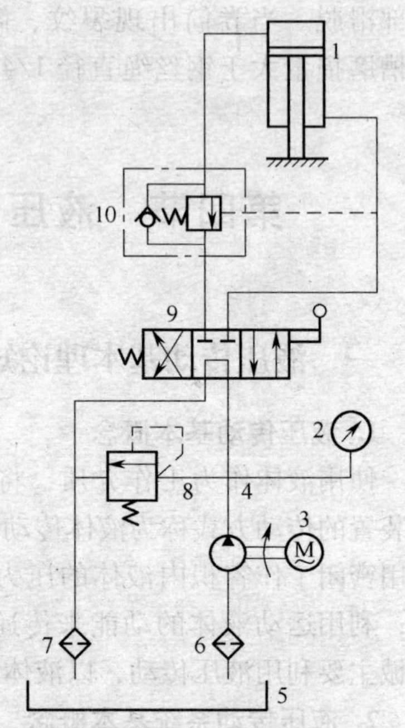

图 1—40　塔式起重机液压顶升机构工作原理

1—顶升液压缸　2—压力表　3—电动机　4—液压齿轮泵　5—油箱　6—吸油过滤器　7—回油过滤器　8—溢流阀　9—手动三位四通换向阀　10—平衡阀

三、液压传动系统的组成

一个完整的液压系统由五个部分组成，即动力元件、执行元件、控制元件、辅助元件和工作介质。

1. 动力元件（液压泵）

它的作用是利用液体把原动机的机械能转换成液压能，是液压传动中的动力部分。

2. 执行元件（液压缸、液压马达）

它是将液体的液压能转换成机械能。其中，液压缸做直线运动，马达做旋转运动。

3. 控制元件

包括压力阀、流量阀和方向阀等。其作用是根据需要无级调节液动机的速度，并对液压系统中工作液体的压力、流量和流向进行调节控制。

4. 辅助元件

除上述三部分以外的其他元件即为辅助元件，包括压力表、滤油器、蓄能装置、冷却器、管件各种管接头（扩口式、焊接式、卡套式）、高压球阀、快换接头、软管总成、测压接头、管夹及油箱等，它们同样十分重要。

5. 工作介质

工作介质是指各类液压传动中的液压油或乳化液，它经过油泵和液动机实现能量转换。包括各种矿物油、乳化液和合成型液压油等几大类。

常用的液压油有22号、32号、46号、68号液压油。

四、液压系统的主要元件

起重机上常用的液压元件有液压泵、液压缸、平衡阀、溢流阀、减压阀、换向阀、液压辅件等。

1. 液压泵

液压泵是液压系统的动力元件。其作用是将电动机的机械能转换成液体的压力能。液压泵的结构形式一般有齿轮泵、叶片泵和柱塞泵。其中，齿轮泵被广泛用于起重机顶升机构。齿轮泵在结构上可分为外啮合齿轮泵和内啮合齿轮泵两种，常用的是外啮合齿轮泵。

图 1—41 所示为外啮合齿轮泵的最基本形式，是两个尺寸相同的齿轮在一个紧密配合的壳体内相互啮合旋转，其壳体内部类似 8 字形，齿轮的外径及两侧与壳体紧密配合，组成许多密封的工作腔。当齿轮按一定的方向旋转时，一侧吸油腔由于相互啮合的齿轮逐渐脱开，密封工作容积逐渐增大，形成部分真空，因此油箱中的油液在外界大气压的作用下，经吸油管进入吸油腔，将齿间槽充满，并随着齿轮旋转，把油液带到右侧的压油腔内。在压油区的一侧，由于齿轮在这里逐渐进入啮合，密封工作腔容积不断减小，油液便被挤出去，从压油腔输送到压油管路中去。啮合点处的齿面接触线始终起着隔离高、低压腔的作用。

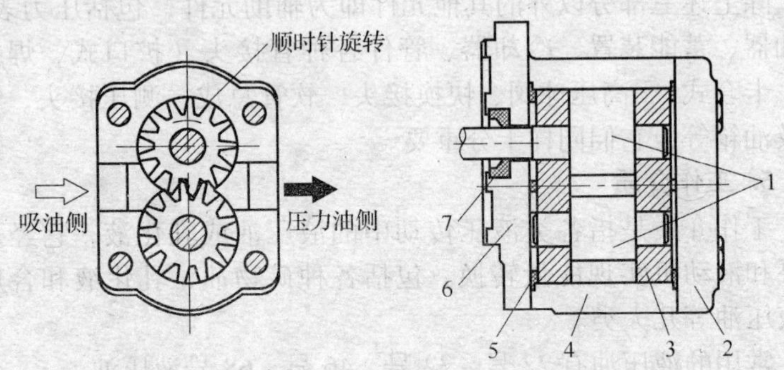

图 1—41　外啮合齿轮泵

1—工作齿轮　2—后端盖　3—轴承体　4—铝制泵体
5—密封圈　6—前端盖　7—轴封衬

我国塔式起重机液压顶升系统采用的液压泵大都是 CB—G 型齿轮泵，CB 为齿轮泵的代号，B 表示固定的轴向间隙，工作压力为 12. 5 ~16 MPa。

2. 液压缸

液压缸是执行元件。液压缸一般用于实现往复直线运动或摆动，它将液压能转变为活塞杆直线运动的机械能，推动机构运动。

（1）液压缸的形式

液压缸按结构形式可分为活塞缸、柱塞缸和摆动缸三类。活塞缸和柱塞缸实现往复直线运动，输出推力或拉力；摆动缸则实现小于360°的往复摆动，可输出转矩。液压缸按油压作用形式可分为单作用式液压缸和双作用式液压缸。单作用式液压缸只有一个外接油口输入压力油，液压作用力仅作单向驱动，而反行程只能在其他外力的作用下完成，如图1—42a所示。双作用式液压缸分别由液压缸两端外接油口输入压力油，靠液压油的进出推动液压杆的运动，如图1—42b所示。

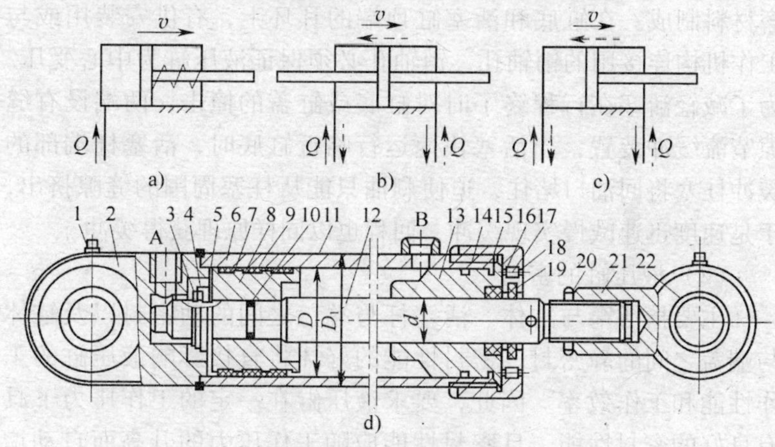

图1—42　液压缸的形式

a）单作用式液压缸　b）双作用式液压缸　c）双作用单活塞杆液压缸

d）双作用单活塞杆液压缸构造

1—压注油嘴　2—缸底　3，7，17—挡圈　4—卡键帽　5—卡键

6，16—Y形密封圈　8—活塞　9—支撑环　10，14—O形密封圈

11—缸筒　12—活塞杆　13—导向套　15—端盖　18—螺钉

19—防尘圈　20—锁紧螺母　21—耳环　22—滑动轴承套

A—进油口　B—出油口

起重机的液压顶升系统多使用双作用单活塞杆液压缸，如图1—42c所示。

双作用单活塞杆液压缸构造如图1—42d所示。缸筒一端与杆底焊接，另一端则与缸盖采用螺纹连接，以便于拆装检修。活塞与活塞杆构成卡键连接，结构紧凑便于装卸。为了避免缸筒内壁与活塞直接发生摩擦而造成拉缸事故，活塞上套有支撑环。支撑环由耐磨材料制成，但不起密封作用。缸内两腔之间的密封是靠活塞内孔的O形密封圈和外缘的Y形密封圈实现的。当工作腔油压升高时，Y形密封圈的唇边就会张开贴紧活塞和缸壁表面，压力越高贴得越紧，从而防止内漏。为了确保活塞杆的移动不偏离中轴线，以免损伤缸壁和密封件，并改善活塞杆与缸盖孔的摩擦，特在缸盖一端设置导向套，它由铸铁等耐磨材料制成。在缸底和活塞缸顶端的耳环上，有供安装用或与工作机构连接用的销轴孔，销轴孔必须保证液压缸为中心受压。为了减轻活塞在行程终了时对缸底或缸盖的撞击，两端设有缝隙节流缓冲装置，当活塞快速运行临近缸底时，活塞杆端部的缓冲柱塞将回油口堵住，迫使剩油只能从柱塞周围的缝隙挤出，于是速度迅速减慢实现缓冲，回程也以同样原理获得缓冲。

（2）液压缸的密封

主要指活塞与缸体、活塞杆与端盖之间的动密封以及缸体与端盖之间的静密封。密封性能的好坏将直接影响液压缸的工作性能和工作效率。因此，要求液压缸在一定的工作压力下具有良好的密封性能，且密封性能应随工作压力的升高而自动增强。此外还要求密封元件结构简单、使用寿命长、摩擦力小等。常用的密封方法有间隙密封和密封圈的密封。

（3）液压缸的缓冲

液压缸的缓冲结构是为了防止活塞到达行程终点时，由于惯性力作用与缸盖相撞。液压缸的缓冲是利用油液的节流作用实现的。图1—43所示为常用的缓冲结构，活塞上的凸台和缸盖上的凹槽在接近时，油液经凸台和凹槽间的缝隙流出，增大回油阻力，产生制动作用，从而实现缓冲。

（4）液压缸的排气

液压缸中如果有残留空气，将引起活塞运动时的爬行和振动，产生噪声，发热，甚至使整个系统不能正常工作，因此应在液压缸上增加排气装置。常用的排气装置为排气塞结构，如图1—44所示。排气装置应安装在液压缸的最高处。工作之前先打开排气塞，让活塞空载作往返移动，直至将空气排干净为止，然后拧紧排气塞进行工作。

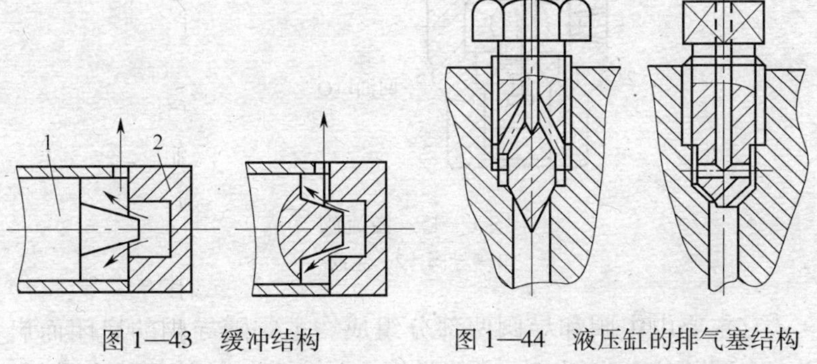

图1—43　缓冲结构

1—活塞　2—缸盖

图1—44　液压缸的排气塞结构

3. 平衡阀

平衡阀又名限速阀，其作用是限制负载下降速度，防止机构在负载作用下产生超速下降，保持平稳下降和微动下降。在结构上，平衡阀由单向阀和溢流阀组成，故兼有这两种阀的功能。在自升式塔式起重机液压顶升系统的油路中，三位四通换向阀出油口接至液压缸大小腔的通道上都设有一个或两个平衡阀，其作用是保证液压缸活塞杆伸缩（液压缸升降）的平稳，防止超速下降导致的安全事故。塔式起重机液压顶升系统所用的是组合式平衡阀。

4. 溢流阀

溢流阀是控制元件。它是液压系统的安全保护装置，可限制系统的最高压力或使系统的压力保持恒定。起重机使用的溢流阀是先导式溢流阀，构造如图 1—45 所示。

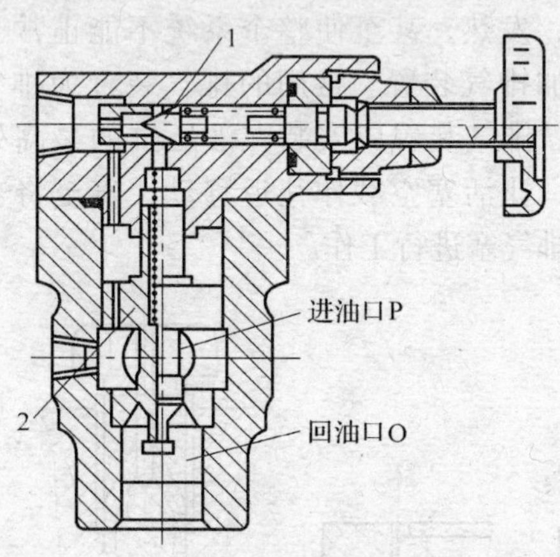

图 1—45　溢流阀

1—导阀　2—主阀

它主要由主阀和导阀两部分组成。主阀随导阀的启闭而启闭。主阀部分有主阀芯、主阀弹簧、阀座等，导阀部分有导阀、导阀弹簧、阀座、调整螺钉等。当系统压力高于调定压力时，导阀开启少量回油。由于阻尼作用，主阀下方压力大于上方压力，主阀上移开启，大量回油，使压力降至调定值，转动调节螺钉即可调整系统工作压力的大小。

5. 减压阀

减压阀是一种利用液流流过缝隙产生压降的原理，使出口油压低于进口油压的压力控制阀，以满足执行机构的需要。减压阀有直动式和先导式两种，一般采用先导式。在液压系统中，减压阀应用于要求获得稳定低压的回路中，如夹紧油路或提供稳定的控制压力油。此外，减压阀还可用于限制工作机构的作用力，减少压力波动带来的影响，改善系统的控制性能。

6. 换向阀

换向阀也称分配阀，是控制元件。它的作用是改变液压油的流动方向，控制起重机各工作机构的运动。多个换向阀组合在一起称为多联阀。起重机下车常用二联阀操纵下车支腿，上车常用四联阀操纵上车的起升、变幅、伸缩、回转机构。换向阀的结构（见图1—46）主要由阀芯和阀体组成。改变阀芯在阀体内的位置，油液的流动通路就发生变化，工作机构的运动状态也随之改变。

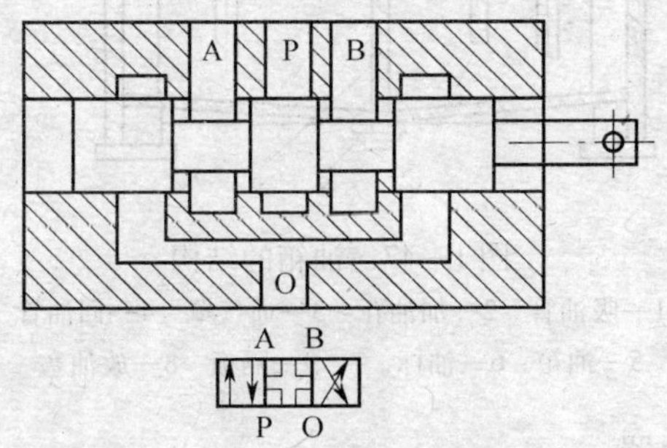

图1—46　换向阀的结构

7. 液压辅件

（1）油管

油管的作用是连接液压元件和输送液压油。在液压系统中常用的油管有钢管、铜管、塑料管、尼龙管和橡胶软管，可根据具体用途进行选择。

（2）管接头

管接头用于油管与油管、油管与液压件之间的连接。管接头按通路数可分为直通、直角、三通等形式，按接头连接方式可分为焊接式、卡套式、管端扩口式和扣压式等形式。按连接油管的材质可分为钢管管接头、金属软管管接头和胶管管接头等。我国已颁发了管接头标准，使用时可根据具体情况选择使用。

（3）油箱

油箱的主要功能是储油、散热及分离油液中的空气和杂质。油箱的结构如图1—47所示，形状根据主机总体布置而定。

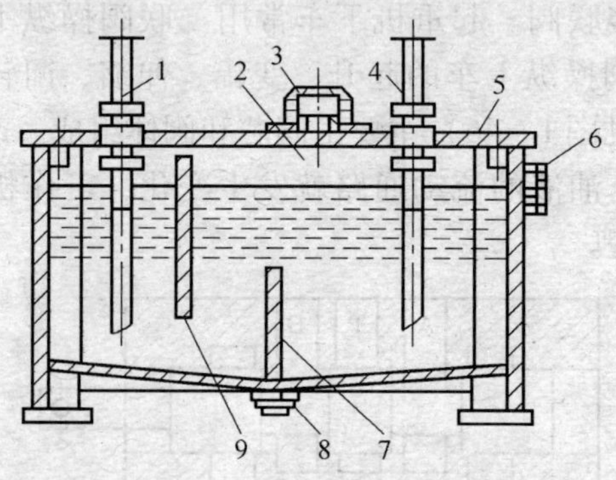

图1—47 油箱的结构

1—吸油管 2—加油孔 3—通气罩 4—回油管

5—油箱 6—油标 7，9—隔板 8—放油塞

（4）滤油器

滤油器的作用是分离油中的杂质，使系统中的液压油经常保持清洁，以提高系统工作的可靠性和液压元件的寿命。液压系统中80%左右的故障是因污染的油液引起的，因此液压系统所用的油液必须经过过滤，并在使用过程中保持油液清洁。

滤油器可以安装在液压泵的吸油口、出油口以及重要元件的前面。通常情况下，泵的吸油口前安装粗滤油器，泵的出油口和重要元件前安装精滤油器。

五、液压系统的安全技术要求

1. 液压系统应有压力表、油量表，并应指示准确无误。

2. 溢流阀、安全阀、单向阀、换向阀等液压控制元件应齐全完好。

3. 液压系统应设有防止过载和液压冲击的安全装置，安全溢流阀的调整压力不得大于系统额定工作压力的110%。

4. 液压系统中，应有良好的过滤器或其他防止液压油污染的措施。

5. 液压油泵不应有过热和泄漏。液压缸内壁、活塞杆表面应光洁，不得有损伤，并应运行平稳、密封良好。

6. 散热器应清洁，液压系统工作时油温不应大于40℃，滤清器应清洁完好，油管及接头不得有渗漏。

7. 各平衡阀的开启压力应符合说明书要求。

8. 手动换向阀的操作与指示方向一致，操纵轻便，无冲击跳动。起升离合器操纵手柄应设有锁紧机构，工作可靠。

9. 液压系统应按设计要求用油，油量满足工作需要。

10. 油泵和液压马达无异响，系统工作正常，不漏油。

11. 支腿油缸处于支撑状态时，基本臂在最小幅度悬吊最大额定起重量 15 min 后，变幅油缸和支腿油缸活塞杆的回缩量均应不大于 6 mm。

12. 平衡阀必须直接或用钢管连接在变幅油缸、伸缩油缸和起升马达上，不得用软管连接。

第二章 塔式起重机概述

随着建筑业的快速发展，塔式起重机在施工领域中的作用越来越显著，塔式起重机的安全可靠性也越来越严格，因此塔式起重机的操作、安装、管理人员应当掌握塔式起重机的特征与性能，以便更好地发挥其作用。

第一节 塔式起重机的概况

塔式起重机是工业与民用建筑结构及设备安装工程的主要垂直和水平运输机械之一，广泛用于多层、高层等装配式框架结构的吊装施工中。

一、塔式起重机

1. 塔式起重机定义

塔式起重机是指臂架安装在垂直塔身顶部的回转式臂架型起重机。其机身为塔形钢架结构，能沿轨道行走或独立固定并与建筑物附着，配有全回转动臂架的起重机。因其外形很像铁塔，故得名塔式起重机。

塔式起重机是集物料垂直、水平输送以及全回转功能为一体的施工机械，具有工作效率高、使用范围广、回转半径大、起升高度高、操作方便以及安装与拆卸简便等特点，因而广泛应用在工业与民用建筑、市政工程、路桥工程、电力工程、水利建设等领域。

根据《特种设备安全监察条例》（国务院第549号令）规定，塔式起重机属于涉及生命安全、危险性较大的特种设备管理范畴。

2. 塔式起重机的起源与发展

塔式起重机起源于西欧。据记载，第一项有关建筑用塔式起重机的专利颁发于1900年。1905年出现了塔身固定的装有臂架的起重机，1923年制成了近代塔式起重机的原型样机，同年出现第一台比较完整的近代塔式起重机。1930年，德国开始批量生产塔式起重机并用于建筑施工。1941年，有关塔式起重机的德国工业标准DIN8770公布。该标准规定以吊载（t）和幅度（m）的乘积（t · m）（即起重力矩）表示塔式起重机的起重能力。

20世纪50年代初，我国塔式起重机由仿制开始起步。经过改革开放和现代高速发展历程，我国塔式起重机行业得到了快速发展，塔式起重机年销量达2万多台。我国已成为世界上塔式起重机的生产大国，也是世界上塔式起重机主要需求市场之一。

2010年，中联重科建筑起重机械公司为安徽马鞍山长江公路大桥建设工程项目成功研制并投入使用的一台超大型D5200—240塔式起重机，最大起重力矩达5 200 t · m，最大起重量达240 t。该设备是迄今为止全球最大的水平臂上回转自升塔式起重机。

3. 塔式起重机的主要规范与标准

2006年，国家质量监督检验检疫总局和国家标准化委员会颁布了《塔式起重机安全规程》（GB 5144—2006）。此标准规定了塔式起重机在设计、制造、安装、使用、维修、检验等方面应遵守的安全技术要求。

2006年，国家质量监督检验检疫总局和国家标准化委员会颁布了《塔式起重机稳定性要求》（GB/T 20304—2006）。此标准规定了通过计算来检验塔式起重机抗倾覆稳定性应遵守的条件。

2008 年，国家质量监督检验检疫总局和国家标准化委员会颁布了《塔式起重机》（GB/T 5031—2008）。此标准规定了塔式起重机的术语、分类与标志、技术要求、实验方法、检验规则、信息标志、包装、运输和储存、安装及爬升、使用检查。

2009 年，住房和城乡建设部颁布了《塔式起重机混凝土基础工程技术规程》（JGJ/T 187—2009）。此标准规定了塔式起重机混凝土基础工程设计与施工的基本要求。

2009 年，住房和城乡建设部颁布了《建筑起重机械安全评估技术规程》（JGJ/T 189—2009）。此标准规定了塔式起重机和施工升降机的安全评估内容与方法。

2010 年，住房和城乡建设部颁布了《建筑施工塔式起重机安装、使用、拆卸安全技术规程》（JGJ 196—2010）。此标准规定了塔式起重机的安装、使用和拆卸的基本技术要求。

二、塔式起重机的组成

塔式起重机一般由金属结构、工作机构、电气系统、安全装置和附属装置五大部分组成。

1. 金属结构

塔式起重机金属结构部分由底架、塔身、塔帽、回转支座、塔顶、平衡臂、起重臂、司机室、梯子与平台、顶升套架和横梁部分组成。

塔式起重机结构部分都暴露在外，通常在 $-20\sim40$℃ 的环境下工作，且承受雨、雪、恶劣气候的侵蚀。因此，在设计和选择材料、焊接时要兼顾抗低温脆断性、耐腐蚀性、结冰膨胀破坏性，具有可靠的冲击韧度保证。

2. 工作机构

塔式起重机工作机构由起升机构、变幅（小车牵引）机构、回转机构和运行机构组成。另外，自升式塔式起重机还有液压顶升机构，行走式塔式起重机还有大车走行机构。

3. 电气系统

塔式起重机电气系统由电源、动力设备、电缆及卷筒、电气开关箱、电气控制装置、保护装置、低压电器、辅助电气设备等部分组成。

4. 安全装置

安全装置是塔式起重机必不可少的关键设备之一，由起升高度限位器、行程限位器、幅度限位器、超载限制器、止挡和缓冲器、钢丝绳防脱装置、风速仪、紧急安全开关、安全保护音响信号、紧急报警及显示记录装置等部分组成。

5. 附属装置

由配重与压重、基础与轨道、拖运装置、附着装置、内爬框架、排绳与拖绳装置、检修装置等部分组成。

上述五个部分中，前四个部分是塔式起重机都必须具备的，附属装置如配重、压重、轨道、基础、附着连杆等因塔式起重机的类型和用途不同配置。

三、塔式起重机的标志

按国家标准分类，塔式起重机的型号标志是 QT，其中“Q”代表的是“起重机”，“T”代表的是“塔式”。

根据国家建筑机械与设备产品型号编制方法的规定，塔式起重机的型号标志有明确的规定。如 QTZ80C 的含义如下：

Q——“起重”汉语拼音的第一个字母；

T——“塔式”汉语拼音的第一个字母；

Z——“自升”汉语拼音的第一个字母；

80——最大起重力矩（t · m）；

C——更新、变型代号。

其中，更新、变型代号用英文字母表示；主要参数代号用阿拉伯数字表示，它等于塔式起重机额定起重力矩（单位为t·m）。塔式起重机特性代号含义如下：

QTS——上回转塔式起重机；

QTZ——上回转自升塔式起重机；

QTX——下回转塔式起重机；

QTK——快装塔式起重机；

QTQ——汽车塔式起重机；

QTL——轮胎塔式起重机；

QTU——履带塔式起重机；

QTH——组合塔式起重机；

QTN——内爬升式塔式起重机；

QTG——固定式塔式起重机；

QTP——平头式塔式起重机。

目前，许多塔式起重机厂家采用国外的标记方式进行编号，即用塔式起重机臂长（m）与臂端（最大幅度）处所能吊起的额定重量（kN）两个主参数来标记塔式起重机的型号。如TC5013A的意义如下：

T——塔的英文第一个字母（tower）；

C——起重机的英文第一个字母（crane）；

50——最大臂长为50 m；

13——臂端起重量为13 kN；

A——设计序号。

另外，也有个别塔式起重机生产厂家根据企业标准编制型号。

制造商应在产品技术资料、样本和产品显著部位标出产品型号，型号中至少应包含塔式起重机的最大起重力矩，单位为吨·米（t·m）。

第二节　塔式起重机的分类及特点

一、按国家标准分类

根据《塔式起重机》（GB/T 5031—2008）界定的分类范围，分为以下四种。

1. 按架设方式分

按架设方式可分为快装式塔式起重机和非快装式塔式起重机。

快装式塔式起重机一般为自行架设塔式起重机，即依靠自身的动力装置和机构能实现运输状态与工作状态相互转换的塔式起重机。

非快装式塔式起重机一般为非自行架设塔式起重机，即依靠其他起重设备进行组装架设成整机的塔式起重机。

快装式塔式起重机与非快装式塔式起重机的区别是快装式塔式起重机安装拆卸方便，采用液压顶升装置实现增加或减少塔身标准节，塔式起重机起升高度可适应建筑物高度的变化。

2. 按变幅方式分

塔式起重机按变幅方式可分为小车变幅式塔式起重机和动臂变幅式塔式起重机，如图 2—1 所示。

（1）小车变幅式塔式起重机

是指通过起重小车沿起重臂运行进行变幅的塔式起重机。这类塔式起重机的起重臂架始终处于水平位置，变幅小车悬挂于臂架下弦杆上，两端分别和变幅卷扬机的钢丝绳连接。在变幅小车上装有起升滑轮组，当收放变幅钢丝绳拖动变幅小车移动时，起升滑轮组也随之而动，以此方法来改变吊钩的幅度。

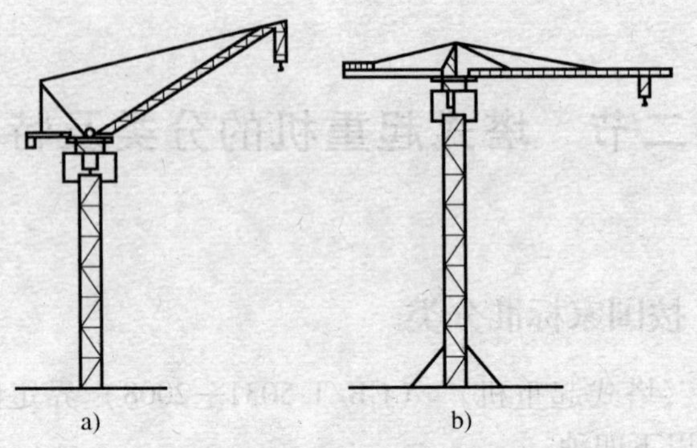

图 2—1　小车变幅式和动臂变幅式塔式起重机

a）动臂变幅式　b）小车变幅式

其优点是：幅度利用率高，而且变幅时所吊重物在不同幅度时高度不变，工作平稳，便于安装就位，效率高。其缺点是：臂架受力以弯矩为主，故臂架重量比动臂变幅臂架的重量稍大一些。

（2）动臂变幅式塔式起重机

是指通过臂架俯仰运动进行变幅的塔式起重机，幅度的改变是利用变幅卷扬机和变幅滑轮组系统来实现的。这种变幅方式的优点是臂架受力状态良好，自重较轻。当塔身架设至一定高度时，与其他类型塔式起重机相比，动臂变幅式塔式起重机具有一定的起升高度优势，但在没有补偿卷筒的条件下达不到起重与变幅的平移目的。另外，因臂架的仰角受到限制，故对靠近塔身中心的变幅半径利用有一定的损失，变幅功率也较大。

3. 按臂架结构型式分

（1）小车变幅式塔式起重机按臂架结构型式分为定长臂小车变幅式塔式起重机、伸缩臂小车变幅式塔式起重机和折臂小车变幅式塔式起重机。折臂小车变幅式塔式起重机是根据起重作业的需要可以弯折的，如图 2—2 所示。该塔式起重机可以同时具备动臂变幅和小车变幅的性能。

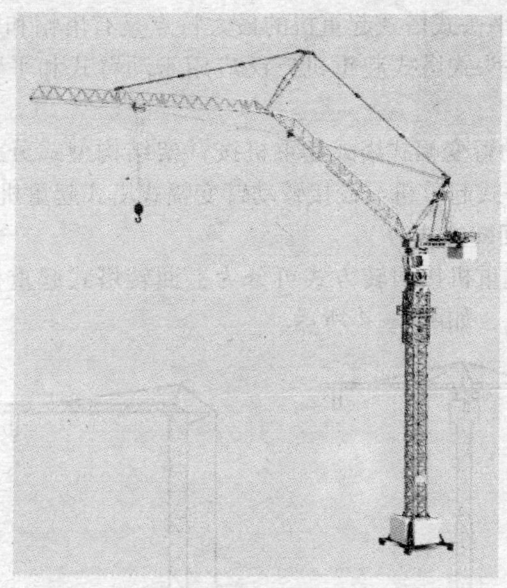

图 2—2　折臂小车变幅式塔式起重机

（2）小车变幅式塔式起重机按臂架支撑型式可分为平头式塔式起重机和非平头式塔式起重机。

1）平头式塔式起重机是指无塔帽和起重臂拉杆等部件，其塔架与塔身为 T 结构型式的上回转塔式起重机，如图 2—3 所示。

图 2—3　平头式塔式起重机

2）非平头式塔式起重机的最大特点是有塔帽和臂架悬索及拉杆。非平头式塔式起重机广泛应用于动臂式和平臂式塔式起重机。

（3）动臂变幅式塔式起重机按臂架结构型式分为定长臂动臂变幅式塔式起重机与铰接臂动臂变幅式塔式起重机。

4. 按回转方式分

塔式起重机按回转方式可分为上回转塔式起重机和下回转塔式起重机，如图 2—4 所示。

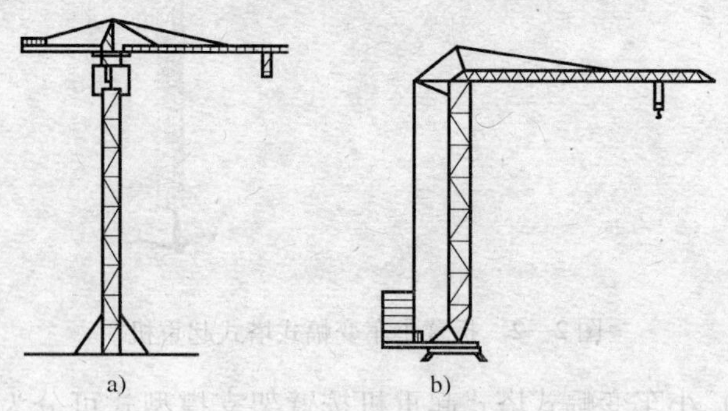

图 2—4　上回转式和下回转式塔式起重机

a）上回转式　b）下回转式

（1）上回转塔式起重机

是指回转支撑装设在上部的塔式起重机。其特点是塔身不转动，在回转部分与塔身之间装有回转支撑装置，这种装置既将上、下两部分系为一体，又允许上、下两部分相对回转。按照回转支撑构造形式，上回转部分的结构可分为塔帽式、转柱式、平台式和塔顶式。其优点是起重能力大，能够附着，起升高度比较高。由于塔身不回转，可简化塔身下部结构，顶升加节方便。

（2）下回转塔式起重机

是指回转支撑设置于塔身底部，塔身相对于底架转动的塔式起重机。其回转总成、平衡重、工作机构等均设置在下端，吊臂装在塔身顶部，塔身、平衡重和所有的机构均等装在转台上，并与回转台一起回转。此种塔式起重机具有重心低，稳定性好，塔身所受弯矩较少（上回转塔身弯矩由对角线布置的两根主弦杆承受，下回转则由四个弦杆共同承受）的特点，且因平衡重放在下部，能做到自行架设、整体搬运。其缺点是对回转支撑要求较高，使用高度受到限制，驾驶室一般设在下回转台上，操作视线不开阔。

二、按使用状况分类

塔式起重机的种类繁多，形式各异，应用广泛，在电力、路桥、冶金等建筑施工现场还存在以下几种使用状况（见表2—1）。

表 2—1　　塔式起重机使用状况分类

分类形式	类　别
按结构型式分	附着式、内爬式
按固定方式分	固定式、轨道行走式

1. 按结构型式分

塔式起重机按结构型式可分为附着式塔式起重机和内爬式塔式起重机。这两种机构型式都属于自升式塔式起重机，如图2—5 所示。

（1）附着式塔式起重机

是指通过附墙支撑装置将塔身锚固在建筑物上的自升式塔式起重机。

（2）内爬式塔式起重机

是指设置在建筑物内部，通过支撑在结构物上的专门装置，使整机能随着建筑物的高度增加而升高的塔式起重机。

2. 按固定方式分

塔式起重机按固定方式可分为固定式塔式起重机、轨道行

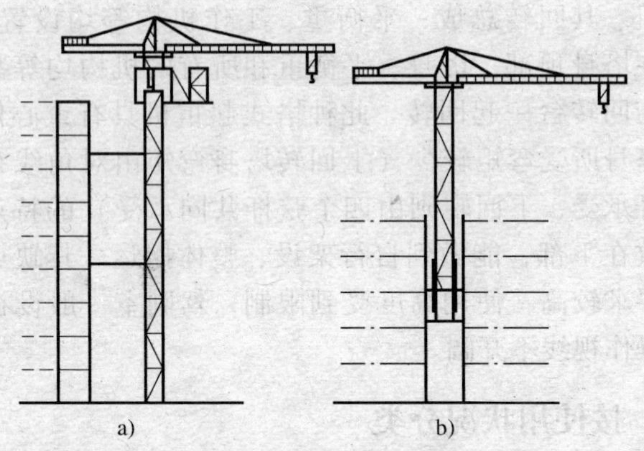

图 2—5　附着式和内爬式塔式起重机

a）附着式　b）内爬式

走式塔式起重机、塔式工矿汽车吊和塔式工矿履带吊四种。

（1）固定式塔式起重机

是指通过连接件将塔身基础固定在地基基础或结构物上进行起重作业，不能做任何移动的塔式起重机。固定式塔式起重机可分为塔身高度不变式和自升式。

（2）轨道行走式塔式起重机

是指在轨道上运行的塔式起重机，也称轨道式塔式起重机。这种塔式起重机是用刚性车轮把整台起重机支撑在临时性的轨道上，轨道铺设在碎石子与枕木上。塔式起重机可在较长的一个区域范围内进行水平运输，也可沿轨道转弯行驶，故能适应不同造型建筑物的需要。其最大特点是可带载行走，有利于提高生产效率。如图 2—6 所示。

图 2—6　轨道行走式塔式起重机

(3) 塔式工矿汽车吊

塔式工矿汽车吊指以汽车起重机功能为主，兼有塔式工矿性能的起重设备，如图 2—7 所示。

(4) 塔式工矿履带吊

塔式工矿履带吊是指以履带起重机功能为主，兼有塔式工矿性能的起重设备，如图 2—8 所示。

图 2—7 塔式工矿汽车吊

图 2—8 塔式工矿履带吊

塔式工矿汽车吊和塔式工矿履带吊是新型起重设备，其工作性能介于塔式起重机与流动式起重机之间，与其他塔式起重机相比具有快速安装使用的特点。

三、塔式起重机的主要特点

塔式起重机的类型较多，但其共同特点是：都有一个直立的塔身，在塔身上部装有起重臂，形成“厂”形工作空间，且幅度可变，有较高的有效吊装高度及较大的工作空间。应用塔式起重机对于加快施工进度、缩短工期、降低工程造价起着重要的作用。因此，塔式起重机在高层工业和民用建筑施工中一直处于领先地位。

1. 塔式起重机的优点

（1）工作效率高，适用范围广，工作幅度较大，起升高度高，起重力矩大。

（2）可同时进行垂直、水平、回转等连续作业，工作效率高。

（3）司机室视野开阔，操作方便，性能稳定，维护方便，使用安全可靠。

（4）结构比较简单，工作速度快，调速微动性能平稳。

（5）装拆、运输方便迅速，安装微动性能好，适应频繁转移工地的需要。

2. 塔式起重机的缺点

（1）结构庞大，自重大，安装、拆卸劳动强度大。

（2）拆卸、运输和转移不方便，费用高，占地面积大。

（3）司机进出驾驶室不方便。

（4）对于轨道式起重机，还需铺设行走轨道，构筑费用多。

第三节　塔式起重机主要技术参数

塔式起重机的主要技术参数是指直接影响塔式起重机的工作性能、结构设计、制造成本的各种参数。塔式起重机的主要技术参数是司机及相关人员必须掌握的技能要领。

一、塔式起重机技术参数术语

塔式起重机基本参数包括起重力矩、起重量、幅度、自由高度（独立高度）、最大高度等。其他参数包括工作速度、结构质量、尺寸、尾部尺寸及轨距等。

1. 起重力矩 *M*

起重力矩是指幅度 L 和相应起吊物重力 Q 的乘积，单位为 t·m或 kN·m。

塔式起重机的起重能力是以起重力矩表示的，它是以标准规定的最大工作幅度与相应的最大起重载荷的乘积作为起重力矩的标准值。

计量公式为 $M = L(\text{幅度}) \times Q(\text{载荷})$

换算关系：1 t·m＝10 kN·m。

2. 起重量 *G*

起重量是指被起升重物的质量。单位为 t。包括额定起重量和最大起重量。

额定起重量 G_n，是指起重机允许吊起的重物连同吊具质量的总和。

最大起重量 G_{max}，是指起重机正常工作条件下，允许吊起的最大额定起重量。

3. 幅度 *L*

幅度是指起重机置于水平场地时，空载吊具垂直中心线至回转中心线之间的水平距离。单位为 m。包括最大幅度和最小幅度。

最大幅度 L_{max}，是指起重机工作时，臂架斜角最小或小车在臂架最外极限位置时的幅度。

最小幅度 L_{min}，是指臂架斜角最大或小车在臂架最内极限位置时的幅度。

4. 起升高度 *H*

起升高度是指起重机水平停车面至吊具允许最高位置的垂直距离。单位为 m。

5. 工作速度

塔式起重机的工作速度包括起升速度、变幅速度、回转速度、行走速度等。

（1）起升速度

起升速度是指起吊各稳定运行速度挡对应的最大额定起重量，吊钩上升过程中稳定运动状态下的上升速度。

（2）变幅速度

变幅速度是指小车变幅塔式起重机，离地高于 10 m、风速小于 3 m/s（微风）时，带额定载荷的小车在起重臂水平轨道上运行的变幅速度。

（3）回转速度

回转速度是指塔式起重机在最大额定起重力矩载荷状态、风速小于 3 m/s、吊钩位于最大高度时的稳定回转速度。

（4）行走速度

行走速度是指塔式起重机在额定载荷，风速小于 3 m/s，起重臂平行于轨道方向时稳定运行的速度。

6. 轨距或轮距

轨距或轮距是指轨道中心线或起重机行走轮踏面中心线之间的水平距离。

7. 起重机的总质量

起重机的总质量是指包括压重、平衡重、燃料、油液、润滑剂和水等在内的起重机各部分质量的总和。

8. 安全距离

安全距离是指塔式起重机运动部分与周围障碍物之间的最小允许距离。

9. 尾部尺寸

下回转式起重机的尾部尺寸是由回转中心至转台尾部（包括压重块）的最大回转半径。上回转式起重机的尾部尺寸是由回转中心线至平衡臂尾部（包括平衡重）的最大回转半径。

10. 结构质量与尺寸

结构质量是指塔式起重机各部件的质量。结构重量、外形轮廓尺寸是运输、安装拆卸塔式起重机时的重要参数，各部件的质量、尺寸以塔式起重机使用说明书上标注的为准。

二、塔式起重机主要技术参数

塔式起重机的技术性能是用各种参数表示的。主要参数包括幅度、起重量、起重力矩、自由高度、最大高度等，一般参数包括各种速度、结构重量、尺寸、尾部尺寸及轨距、轴距等。

塔式起重机技术性能参数是以塔式起重机技术性能表、塔式起重机起重特性表、塔式起重机起重载荷特性曲线表三种形式表现的。在安装和使用作业中应以使用说明书的技术参数为准。

1. 塔式起重机技术性能表

塔式起重机技术性能表是反映整机的技术参数，以 QTZ63 型塔式起重机为例，其技术性能见表 2—2。

表 2—2　QTZ63A（5510）塔式起重机技术性能表

<table>
<tr><td rowspan="4">工作级别</td><td colspan="4">起升机构</td><td colspan="3">M5</td></tr>
<tr><td colspan="4">回转机构</td><td colspan="3">M4</td></tr>
<tr><td colspan="4">牵引机构</td><td colspan="3">M4</td></tr>
<tr><td colspan="4">整机工作</td><td colspan="3">A4</td></tr>
<tr><td rowspan="3">起升高度（m）</td><td>倍率</td><td colspan="3">固定式</td><td colspan="3">附着式</td></tr>
<tr><td>a = 2</td><td colspan="3">40</td><td colspan="3">140</td></tr>
<tr><td>a = 4</td><td colspan="3">40</td><td colspan="3">70</td></tr>
<tr><td>最大起重量（t）</td><td>6</td><td colspan="3">额定起重力矩</td><td colspan="3">63 t · m</td></tr>
<tr><td rowspan="2">幅度</td><td colspan="4">最大幅度</td><td colspan="3">47.5 m　55 m</td></tr>
<tr><td colspan="4">最小幅度</td><td colspan="3">2 m</td></tr>
<tr><td rowspan="3">起升机构速度</td><td>倍率</td><td colspan="3">a = 2</td><td colspan="3">a = 4</td></tr>
<tr><td>起重量（t）</td><td>3</td><td>3</td><td>1.5</td><td>6</td><td>6</td><td>3</td></tr>
<tr><td>速度（m/min）</td><td>8.5</td><td>40</td><td>80</td><td>4.25</td><td>20</td><td>40</td></tr>
</table>

续表

回转机构	转速	电动机型号	功率	转速
	0.6	YZR132M1-6	2.2×2 kW	908 r/min
牵引机构	速度	电动机型号	功率	转速
	40.5/20 m/min	YZYDEJ132S-4/8-B5	3.3×2.2 kW	1 440/710 r/min
顶升机构	速度	电机型号	功率	转速
	0.5 m/min	Y123S-4	5.5 kW	1 440 r/min
	工作压力	20 MPa		
平衡重	臂长（m）	质量（t）		
	47	11.8		
	55	14.2		
总功率	31.7 kW			
工作温度	-20～40℃			

2. 塔式起重机起重特性表与载荷特性曲线

塔式起重机根据使用特性采用不同的臂长和不同倍率的滑轮组，而不同的臂长与倍率直接影响着起重载荷能力，因此，必须将载荷特性曲线与起重特性表结合应用。以 QTZ63A（5510）塔式起重机的载荷特性曲线与起重特性表为例，如表2—3 和图 2—9 所示。

表 2—3　　QTZ63A（5510）起重特性表

幅度 R（m）	55 m 臂长起重量（kg）		47 m 臂长起重量（kg）	
	2 倍率	4 倍率	2 倍率	4 倍率
2～12.93	3 000	6 000	3 000	6 000
13	3 000	5 965	3 000	6 000
14	3 000	5 481	3 000	5 851
15	3 000	5 065	3 000	5 025

续表

幅度 *R*（m）	55 m 臂长起重量（kg）		47 m 臂长起重量（kg）	
	2 倍率	4 倍率	2 倍率	4 倍率
16	3 000	4 703	3 000	4 688
17	3 000	4 386	3 000	4 390
18	3 000	4 106	3 000	4 125
19	3 000	3 856	3 000	3 887
20	3 000	3 633	3 000	3 673
21	3 000	3 430	3 000	3 479
22	3 000	3 249	3 000	3 303
23	3 000	3 083	3 000	3 142
25	3 000		3 000	3 000
24	3 000	2 931	3 000	
25	3 000	2 791	3 000	
26	2 663		2 857	
27	2 545		2 731	
28	2 435		2 615	
29	2 333		2 506	
30	2 238		2 405	
31	2 149		2 311	
32	2 066		2 223	
33	1 988		2 138	
34	1 915		2 062	
35	1 846		1 989	
36	1 781		1 920	
37	1 710		1 854	
38	1 661		1 792	
39	1 606		1 734	
40	1 553		1 678	
41	1 504		1 625	
42	1 456		1 575	
43	1 400		1 528	
44	1 368		1 482	
45	1 321		1 438	

续表

幅度 R（m）	55 m 臂长起重量（kg）		47 m 臂长起重量（kg）	
	2 倍率	4 倍率	2 倍率	4 倍率
46	1 288		1 396	
47	1 251		1 356	
48	1 215			
49	1 180			
50	1 147			
52	1 085			
53	1 055			
54	1 027			
55	1 000			

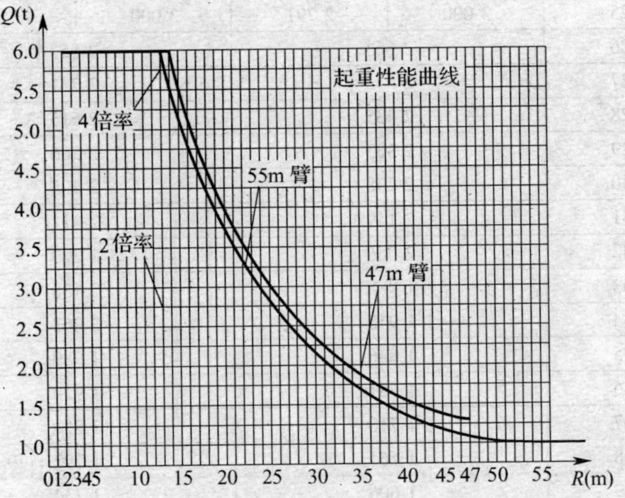

图 2—9　QTZ63 型塔式起重机起重载荷特性曲线

第三章

塔式起重机主要机构及组成

塔式起重机主要机构是围绕其工作性能组成的，是使其实现垂直、水平及回转输送物料特定功能的组合体。塔式起重机主要机构由金属结构、工作机构、安全装置、电气及控制系统四大部分组成。

第一节 塔式起重机的金属结构

金属结构是塔式起重机的骨架。它承受起重机的自重，承载着物料起升回转时的载荷，同时承载着外来的风力载荷。金属结构主要由塔身、顶升套架、上下支座、起重臂、平衡臂、塔帽和底架等构件组成。

一、塔身

塔身也称塔架，是塔式起重机金属结构的主体，起到支撑塔式起重机上部的重量和载荷的作用。塔身结构采用镇静钢以二氧化碳气体保护焊进行焊接而成，经无损探伤达标后形成强度高、质量可靠的塔式起重机标准节。

1. 塔式起重机标准节

塔式起重机标准节是指垂直加节的塔身装置，分为桁架结构、薄壁圆筒结构和65Mn等边角钢三种结构型式。其断面尺寸有：1.2 m×1.2 m、1.4 m×1.4 m、1.6 m×1.6 m、2.0 m×

2.0 m等。塔身标准节长度有 2.5 m、3 m 等多种规格。

以（QTZ4208 型）桁架结构标准节为例，其塔式起重机标准节是由角钢组焊而成的长方形空间桁架结构，截面为 1.494 m × 1.494 m，每节长 2.2 m。每两个塔式起重机标准节均采用 8 根 10.9 级 M27 的高强度螺栓连接，如图 3—1 所示。

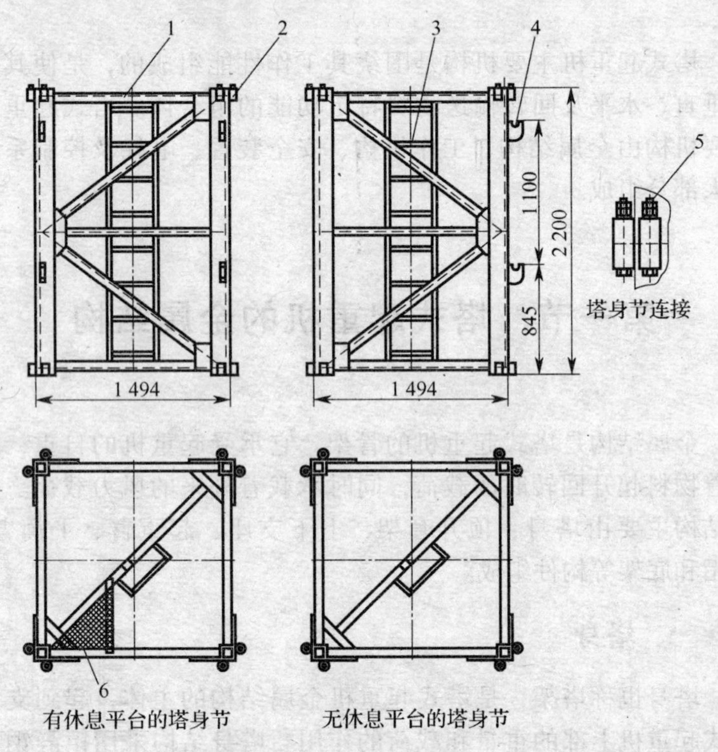

图 3—1　桁架结构标准节

1—主弦杆　2—连接套　3—爬梯　4—踏步

5—高强度螺栓副　6—休息平台

塔式起重机标准节的主弦杆和腹杆常用无缝钢管、角钢或方钢管制作，截面为正方形，沿塔身高度方向制成等截面或变截面结构，整个标准节是一空间桁架结构。其中一侧两根主弦杆上各焊有两个支撑块，该支撑块在塔身加节或降节时起踏步的作用。各标准节内均设置爬梯以便作业人员上下，爬梯宽度不小于500 mm，梯步间距不大于300 mm，每500 mm设一护圈。当爬梯高度超过10 m时，梯子分段转接，在转接处加设一道休息平台，如图3—2所示。

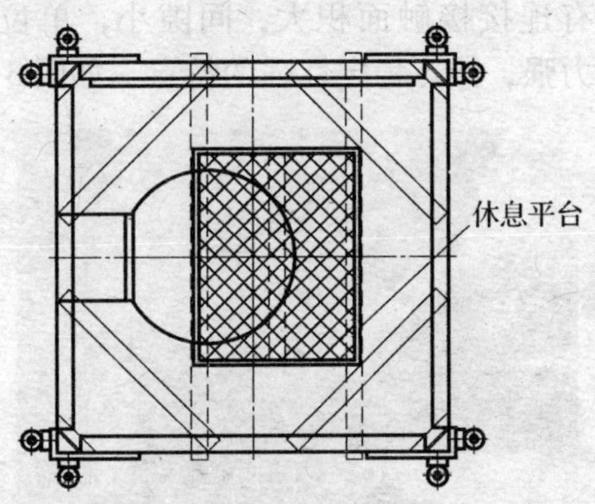

图3—2　塔式起重机标准节休息平台

塔式起重机标准节的材料质量、制造精度、载荷强度都应符合设计要求，保证同规格塔式起重机标准节具有任意互换性，主肢结合处外表面阶差不大于2 mm。

塔式起重机基础节是指与塔式起重机固定式基础直接接触的基础节，是标准节的底部结构件，其底面增设了必备的附属装置。基础节的主弦杆材质和焊接强度大于标准节强度，基础节与其他标准节不具备互换性，基础节均用黑色标示，如图3—3所示。

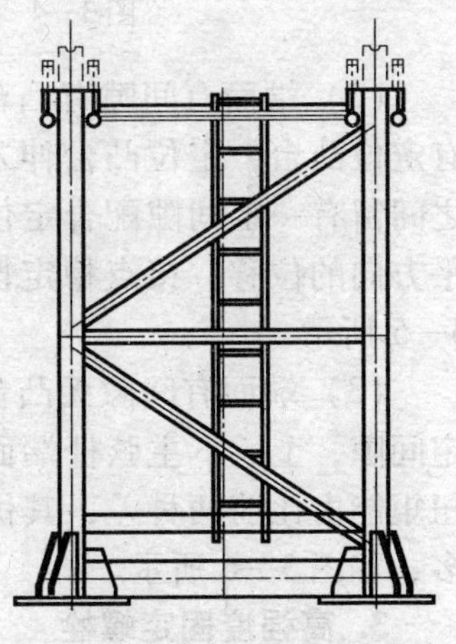

图3—3　塔式起重机基础节

高位塔式起重机在基础节和标

准节之间还增设加强节。

2. 塔式起重机标准节的连接

塔式起重机标准节套管连接通常有三种形式。

（1）端面无间隙对接，是将套管与主弦杆焊接后，端面经过精加工，上、下主弦杆与套管端面依靠螺栓外径与套管内径定位对接。具有连接接触面积大，间隙小，单位面积压力小，抗水平扭矩能力强，接点稳定性强的特点。如图 3—4 所示。

图 3—4　端面无间隙对接外形

（2）端面有间隙有凸台对接，是在标准节上部主弦杆上焊有定位凸台，定位凸台伸入另一标准节主弦杆内，上、下套管之间留有一定间隙配合定位。定位准确，能有效阻止标准节水平方向的位移，接点稳定性好。该种形式目前采用较多，如图 3—5 所示。

（3）端面有间隙无凸台对接，是以上、下套管之间留有一定间隙，上、下主弦杆端面同时接触对接。这种形式的抗水平扭矩能力比前两种差，其优点是加工相对容易，所以应用也较多，如图 3—6 所示。

3. 高强度固定螺栓

塔式起重机标准节采用高强度螺栓连接固定。高强度螺栓

图 3—5　端面有间隙有凸台对接外形

图 3—6　端面有间隙无凸台对接外形

的选用应根据塔式起重机使用说明书规定的等级，通常为 8.8 级、9.8 级、10.9 级。标准节用螺栓连接时应轻松穿入避免锤击，高强度螺栓按规定的扭矩拧紧，紧固后主肢端面接触面积不小于接触面的 70%。

高强度螺栓具有标志性，其头部的顶面或侧面、螺母的侧面会打上性能等级及制造厂标志。

4. 标准节斜撑

斜撑是指在底部标准节与底架之间架设的支撑件，起到使塔身底部和底架的连接部位更为牢靠，同时提高塔身危险断面抗载荷强度的作用。

斜撑由角钢焊制成方管或无缝钢管形状。斜撑上端通过抱箍和螺栓与底部标准节上端相连，下端通过销轴与塔式起重机底架相连。斜撑安装是在塔式起重机标准节升至一定高度后进行架设，斜撑拆卸应随着底部标准节一同进行。

二、顶升套架

顶升套架是塔式起重机加节卸节的专用机构。根据构造特点，可分为整体式和拼装式；根据套架的安装位置，可分为外套架和内套架。如图 3—7 所示。

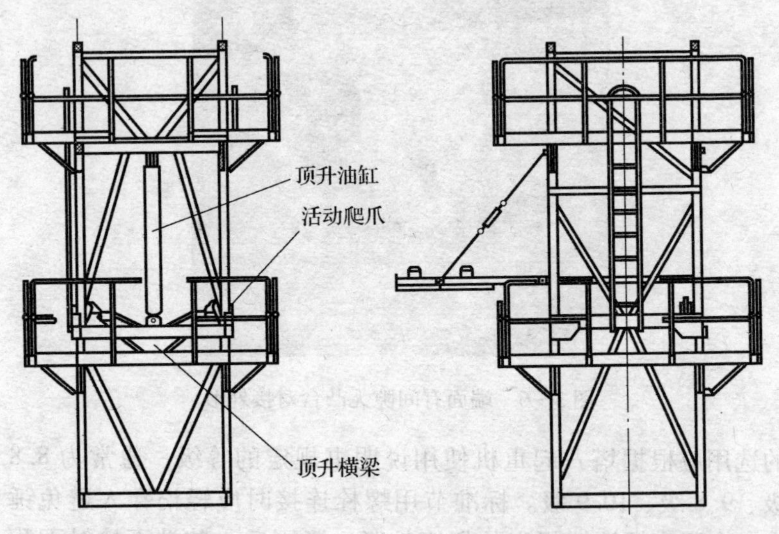

图 3—7　顶升套架

顶升套架主要由套架结构，上、下工作平台，顶升横梁，活动爬爪，顶升油缸等组成。套架结构是由钢管、槽钢、钢板等组合焊成框架型结构装置。套架前侧有一长方形的窗口，标准节是通过下支座上装设的引进横梁和引进小车，从长方形的窗口引进的。

三、上、下支座及司机室

上、下支座是承载回转机构在回转时产生的力，使塔身受力均衡、回转平稳的结构装置。

1. 上支座

上支座是整体箱形结构，由钢板拼焊而成。上部有 4 块耳板，通过销轴与塔顶相连，下部用高强度螺栓与回转支撑相连接，在上支座一侧垂直地安装有一套回转机构，在它下面的小齿轮准确地与回转支撑外齿轮啮合。对于 QTZ630 以上的起重机通常采用双回转机构，提高回转时塔身的平稳性。支座上设有回转限位器、检修平台，司机室位于上支座一侧。如图 3—8 所示。

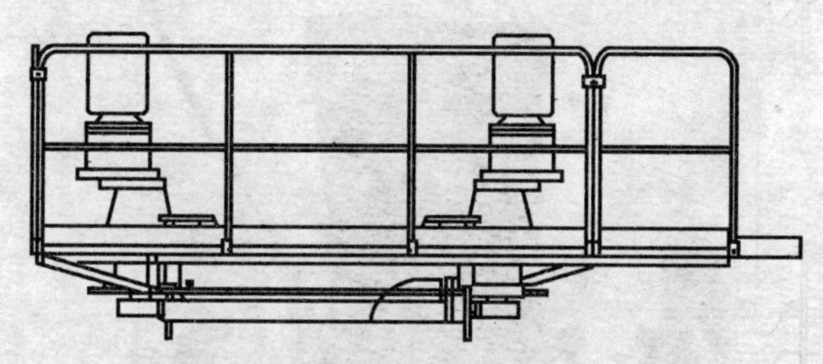

图 3—8　上支座

2. 下支座

下支座上部用高强度螺栓与回转支撑连接，支撑上部结构。底部用高强度螺栓与标准节相连接，四角用销轴与套架相连接，下部装有一根引进标准节用的横梁，如图 3—9 所示。

由于塔式起重机塔身高、吊臂长，在回转时严禁打反车停车或利用打反车进行制动。使用打反车制动容易加大塔式起重

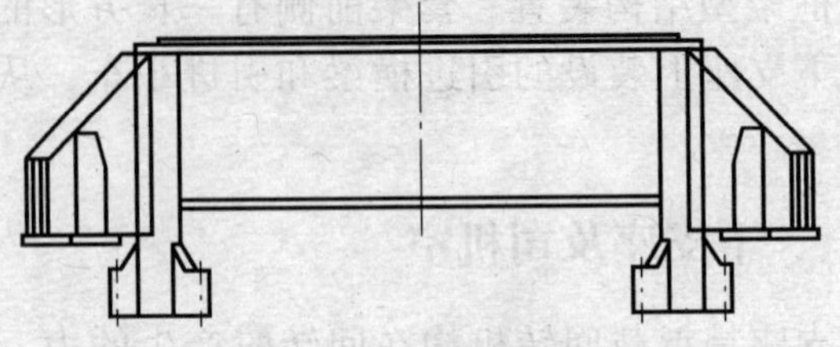

图 3—9　下支座

机上、下支座的扭矩倍率，甚至会造成事故。

3. 司机室

司机室为封闭式结构，独立侧置，宽敞舒适，操作方便，视野开阔。室内设有操纵台和电子控制仪器盘，设有零位自锁装置以防止误操作。司机室内侧附有起重特性表，并配置消防器材，司机室门窗采用钢化玻璃或夹层玻璃。如图 3—10 所示。

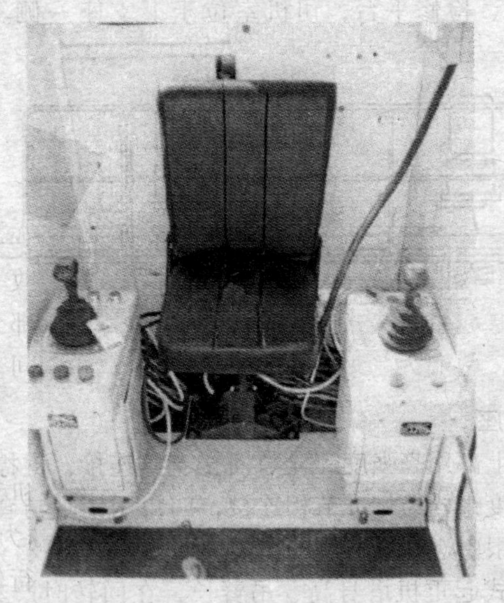

图 3—10　司机室

四、起重臂及拉杆

1. 起重臂

起重臂又称吊臂或臂架。起重臂可分为动臂式臂架、水平式臂架、折臂式臂架三种型式，如图 3—11 所示。

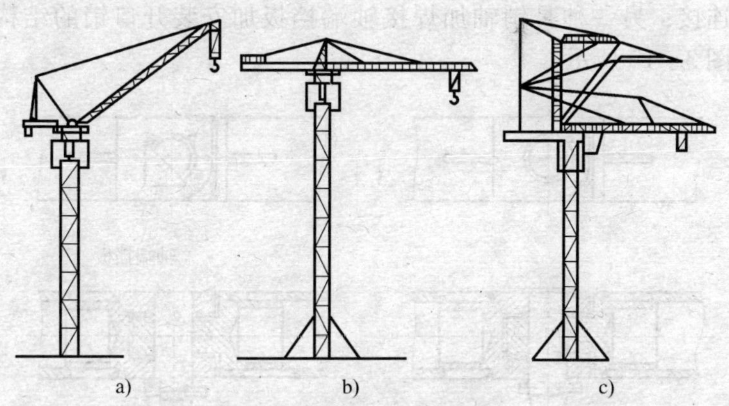

图 3—11　塔式起重机臂架

a）动臂式臂架　b）水平式臂架　c）折臂式臂架

（1）动臂式臂架

动臂式臂架是指通过起重臂倾角的变化来改变吊钩工作幅度的机构。动臂式臂架主要承受轴向压力，依靠改变臂架的倾角来实现塔式起重机工作幅度的改变。臂架中间部分采用等截面平行弦杆，两端为梯形或三角形形式。臂架中间部分制成若干段标准节，臂架之间采用销轴或螺栓连接。

（2）水平式臂架

水平式臂架主要应用于小车变幅式塔式起重机，其臂架一般采用格构式正三角形截面型式。吊臂的上弦杆为无缝钢管，下弦杆常用两个角钢拼焊成方管，兼做小车的运行轨道，整个臂架为三角形空间桁架结构。两个侧面桁架和水平桁架采用带竖杆的三角式形状。

吊臂分为数节，根据使用臂长组装成整体，吊臂采用双吊点变截面空间桁架结构，臂架根部采用销轴与上支座相连，并且在起重臂第一节安置小车牵引机构和悬挂吊篮，吊篮用于安装和维修。

臂架连接方式通常有两种：一种是销轴加轴端安装开口销的连接；另一种是销轴加焊接轴端挡板加安装开口销的结构。如图 3—12 所示。

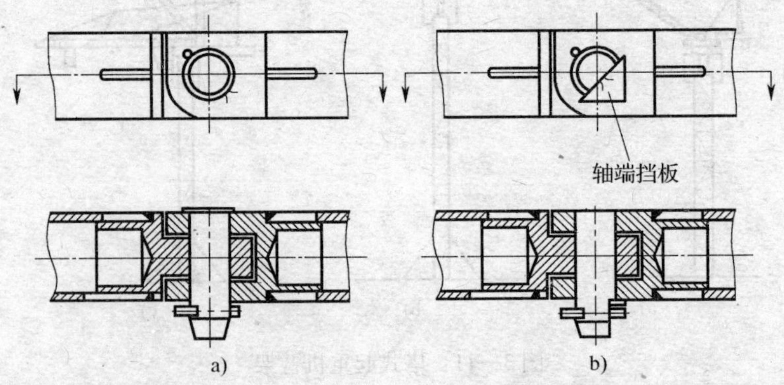

图 3—12　吊臂接头的形式

a）销轴加开口销　b）销轴加轴端挡板加开口销

自升式塔式起重机的小车变幅起重臂，其下弦杆连接销轴不宜采用螺栓固定轴端挡板的形式。当连接销轴轴端采用焊接挡板时，挡板的厚度和焊缝应有足够的强度，挡板与销轴应有足够的重合面积，以防止销轴在安装和工作中由于锤击力及转动可能产生的不利影响。

臂架节安装中应按照制造商在臂架上标示的标记及序号进行，切不可任意互相更换，也不可将小销装入大孔。

（3）折臂式臂架

折臂式臂架结构较复杂，建筑施工领域应用较少，在此不再赘述。

2. 拉杆

吊臂拉杆的结构型式主要有挠性拉杆和刚性拉杆两种。目前使用的多数为多节拼装的刚性拉杆。拉杆由圆钢和耳板焊接制成，各节拉杆间通过销轴相连，销轴的防松脱措施是在轴端安装开口销。开口销在装入销轴后一定要张开，张开角度应大于90°。由于起重机承受的是交变载荷，如果不张开，销轴脱落将引起吊臂折断事故。刚性拉杆是重要的受力杆件，安装、运输及堆放过程中切勿损伤。每次使用前必须严格检查。

3. 臂架固定

为保持小车变幅式水平起重臂架成水平状，臂架通过拉杆与塔帽连接固定，固定点设置在相应位置的节臂上，通过销轴和拉杆与塔帽顶部连接。其固定方式分为吊点设在上弦和吊点设在下弦两种，如图 3—13 所示。

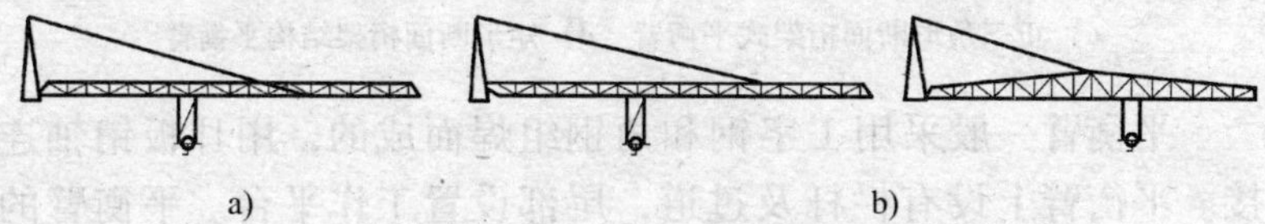

图 3—13　小车变幅式吊臂固定

a）吊点设在下弦　b）吊点设在上弦

五、平衡臂

平衡臂是指具有起重臂配重，平衡起重力矩功能，同时还兼有对起升机构起安全辅助作用的构件，如图 3—14 所示。

平衡臂分为平面框架式平衡臂、倒三角形断面桁架式平衡

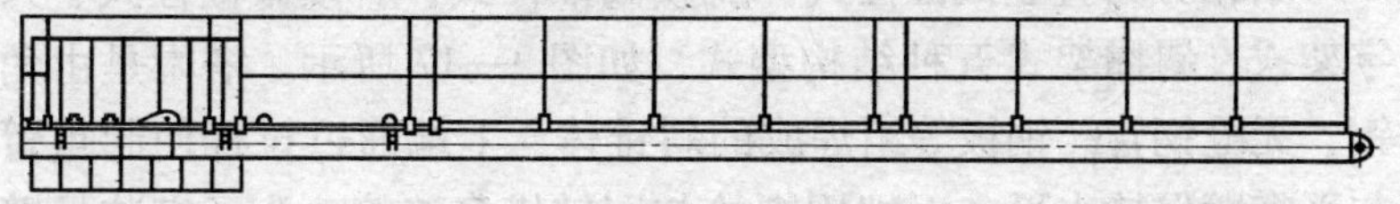

图 3—14　平衡臂

臂、正三角形断面桁架式平衡臂、矩形断面桁架结构平衡臂四种型式，如图 3—15 所示。

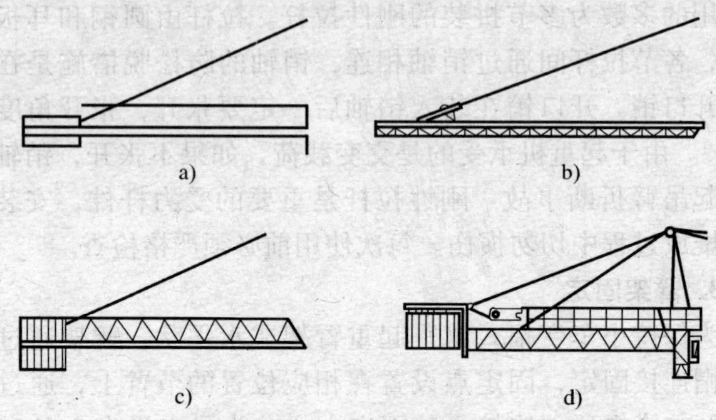

图 3—15　平衡臂型式

a）平面框架式平衡臂　b）倒三角形断面桁架式平衡臂

c）正三角形断面桁架式平衡臂　d）矩形断面桁架结构平衡臂

平衡臂一般采用工字钢和角钢组焊而成的，用耳板销轴连接。平衡臂上设有栏杆及过道，尾部设置工作平台。平衡臂的一端用两根特制的销轴与回转塔身相连，另一端组合刚性拉杆同塔帽相连，将平衡臂挂至水平位置。

六、塔帽

塔帽是起重臂与平衡臂的中间装置，承受臂架拉绳及平衡臂拉绳传来的上部荷载，并通过回转塔架、转台、承座等结构部件传递给塔身结构。塔帽总成如图 3—16 所示。

塔帽分为直立截锥柱式、前倾截锥柱式、后倾截锥柱式、人字架式、斜撑架式五种结构型式，如图 3—17 所示。塔帽是由角钢、无缝钢管、钢板等组焊成的斜锥体。上端通过拉杆使起重臂与平衡臂保持水平，下端用螺栓与回转塔身连接，为了安装吊臂拉杆和平衡臂拉杆，在塔顶上部设有工作平台和滑轮组。

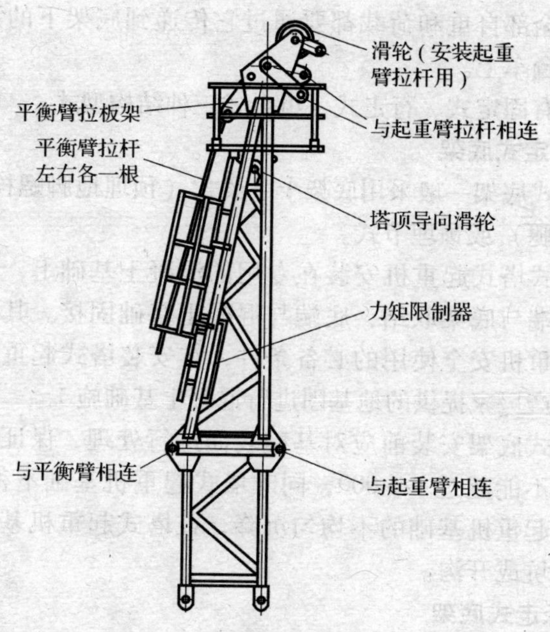

图 3—16　塔帽总成

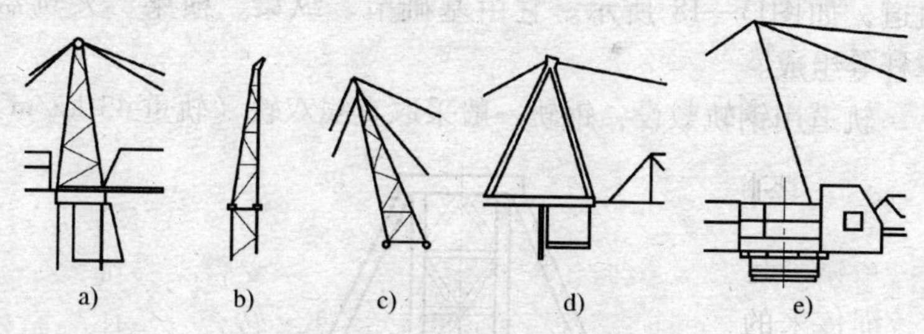

图 3—17　塔帽的形式

a）直立截锥柱式　b）前倾截锥柱式　c）后倾截锥柱式
d）人字架式　e）斜撑架式

七、底架

底架是塔式起重机中承受全部载荷的最底部结构件，塔式起重机的全部自重和荷载都要通过它传递到底架下的混凝土基础或行走台车上。

底架有固定式、行走式、组合式三种结构型式。

1. 固定式底架

固定式底架一般采用底架十字梁式（预埋地脚螺栓）、预埋脚柱（支腿）或预埋节式。

固定式塔式起重机安装在专用的混凝土基础上，预埋的地脚螺栓上端与底架联结，底端与混凝土基础固接。其基础是保证塔式起重机安全使用的必备条件，在安装塔式起重机前应预先按照生产厂家提供的地基图进行混凝土基础施工。

固定式底架安装前应对基础表面进行处理，保证基础的水平度允差不能超过 1/5 000，同时塔式起重机基础不得有积水，以免塔式起重机基础的不均匀沉降，在塔式起重机基础附近不得随意挖坑或开沟。

2. 行走式底架

行走式底架是将起重机自重和载荷力矩通过行走轮传递给轨道，如图 3—18 所示。它由基础节、纵梁、横梁、夹轨器、撑杆等组成。

轨道用钢轨敷设，钢轨一般采取直线双轨（轨重 43 kg/m）

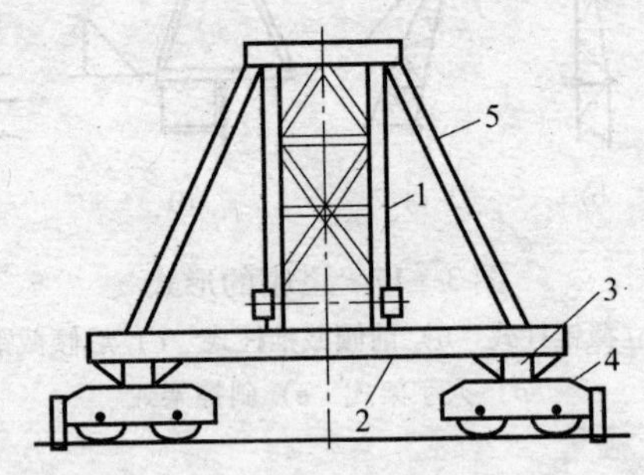

图 3—18　行走式底架

1—基础节　2—纵梁　3—横梁　4—夹轨器　5—撑杆

的重轨，钢轨下面垫以枕木，枕木下面均匀敷设不少于40 cm厚的道砟并夯实，路基土壤必须夯实，承载能力满足大于10 t/m^{2}的要求。轨道前后两端设置限位装置以防塔式起重机出轨。

塔式起重机轨道碎石基础和轨道敷设后，其检验标准应满足《塔式起重机安全规程》（GB 5144—2006）中10.6、10.7的要求。

3. 组合式底架

组合式底架是指可移动装配式底架，是与拼装式基础结合使用的专用底架。该底架是由钢筋混凝土构件、钢格构柱底座、底座连接高强度螺栓组成。安装后形成四个延伸脚，呈“十”字形分布的底架。

八、附墙装置（附着装置）

塔式起重机升至一定高度时需要增设附着装置，以增加其稳定性。塔式起重机附墙装置应使用制造商生产的与塔式起重机配套的产品，并按照塔式起重机使用说明书的规定设置。

第二节　塔式起重机的工作机构

塔式机重机的工作机构是实现塔式起重机起升、变幅、回转的机构组合体，主要由起升机构、变幅机构、回转机构、液压顶升机构、行走机构组成。

一、起升机构

起升机构是塔式起重机进行垂直升降的传动装置，由电动机、减速器、卷筒、制动器、离合器、钢丝绳、滑轮组、高度限位器等组成。

1. 工作原理

以 QTZ63（5013）塔式起重机为例。该塔式起重机采用了 YZTD225L2 - 4/8/32 三速带涡流制动电动机，通过带制动轮的联轴器带动变速箱再驱动卷筒获得三种绳速，根据吊重再选择不同的滑轮倍率。当选用 2 绳时，速度可达到 10 m/min、40 m/min、80 m/min 三种；若选用 4 绳时，则速度达到 5 m/min、20 m/min、40 m/min 三种。这样对于不同的起吊重量有不同速度，以充分满足施工要求。为达到启动和制动迅速又平稳，在电动机的另一端带有涡流制动器。在变速箱的输入轴联轴器上装有 YWZ315/45 型液压推杆制动器，起升机构不工作时，制动机构永远处在制动位置。在卷筒轴另一端装有高度限位器，高度限位器可根据实际需要的高度进行调整。如图 3—19 所示。

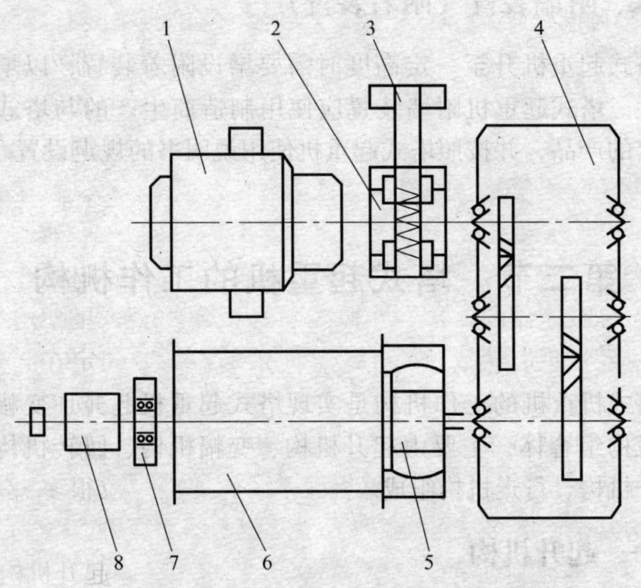

图 3—19　起升机构简图

1—电动机　2—制动轮　3—制动器　4—减速器
5—联轴器　6—卷筒　7—轴承座　8—高度限位器

2. 起升机构的分类

按照调速方式的不同，起升机构大体可分为以下五类：

（1）多速电动机变级调速的起升机构

该机构一般是由三速电动机、圆柱齿轮减速机、液压推杆制动器、高度限位器等组成。通过改变电动机的极对数改变电动机的转速，使得整个机构具有高、中、低三挡转速，以实现高速轻载、低速重载的工作要求。调整卷筒尾部的高度限位器，可以实现吊钩在预定高度时，起升机构停止工作且抱闸制动，若想再次启动，则只能先下降吊钩。该机构具有调速比大，构造简单，操纵方便，应用较广的优点；但启动电流和换挡切换电流较大，使用受到一定限制。

（2）电磁离合器换挡的起升机构

采用带涡流制动的单速绕线转子电动机驱动装有 2～3 个电磁离合器的减速箱。靠电磁离合器换挡改变减速器的速比，靠带涡流制动的单速绕线转子电动机串电阻获取较软的特性和慢就位速度。该起升机构的优点是运行比较平稳，调速比可以设计得较大。但电磁离合器使用寿命短，可靠性差，减速器成本较高，该调速方式较落后，现在已逐渐被淘汰。

（3）差动行星减速器加双电动机驱动的起升机构

行星减速器的太阳轮由一台电动机驱动，行星架由另一台电动机经行星齿轮减速驱动，外轨道的内齿圈固定在起升卷筒上。卷筒转速取决于两台电动机的转速和转向，同向快速，反向慢速。如果是单速电动机，每台电动机则有正转、反转和停止三种状态与另一台电动机相配，因此速度挡位很多，差动调速结构复杂，大多数生产厂家一般不采用该机构。

（4）涡流制动的多速绕线转子电动机驱动的起升机构

采用多速电动机驱动普通单速比减速器。带涡流制动的多速绕线转子电动机彻底解决了起升机构启动、制动和换挡切换电流大的问题，有慢就位速度，功率可以比笼型电动机用得大。

具有调速范围大，启动冲击小，工作平稳，就位准确的特点，目前 8 ~ 12 t 起升机构大多采用这种调速方式。

（5）变频调速的起升机构

变频调速是目前塔式起重机中最先进的交流调速方式。变频调速的原理是通过改变电动机定子供电频率来改变同步转速而实现调速。它的特点是无级调速，慢就位速度可长时间运行，可以零速制动，机械传动冲击小，钢结构承载性能稳定。具有调速范围宽，运行平稳无冲击，安装就位准确，能满足不同工况的需求等特点。

3. 起升机构的穿绕系统

起升机构的穿绕系统是传动的一部分，电动机通电后通过联轴器带动变速箱进而带动卷筒转动。电动机正转时，卷筒放出钢丝绳；电动机反转时，卷筒收回钢丝绳，通过滑轮组及吊钩把重物提升或下降。起升钢丝绳的一端缠绕固定在卷筒上，另一端固定在吊臂端部。通过卷筒、钢丝绳、滑轮组，起升机构将电动机的旋转运动转变为吊钩的垂直上下运动。

4. 滑轮倍率变换装置

滑轮是通过倍率的转换来改变起升速度和起重量的。塔式起重机滑轮组倍率大多采用 2 倍率、4 倍率、6 倍率。当使用大倍率时，可获得较大的起重量，但降低了起升速度；当使用小倍率时，可获得较快的起升速度，但降低了起重量。若要由4 倍率变为 2 倍率，可将由四滑轮组成的 4 倍率吊钩降到地面，取出中间的销轴，然后开动起升机构，将吊钩上滑轮升到载重小车的下部固定住，这时吊钩滑轮由 4 倍率变为 2 倍率，此时，起重能力降低为原来的一半，起升速度提高为原来的两倍，如图 3—20 所示。

利用同一原理，若需要从 2 倍率变为 4 倍率，只需将吊钩落地，放下吊钩上的滑轮，用销轴连接即可，此时，起重能力提高为原来的两倍，起升速度为原来的一半，如图 3—21 所示。

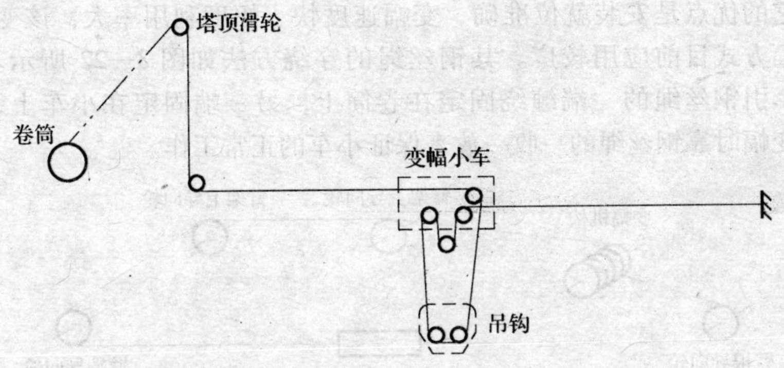

图 3—20　起升钢丝绳穿绕（2 倍率）示意图

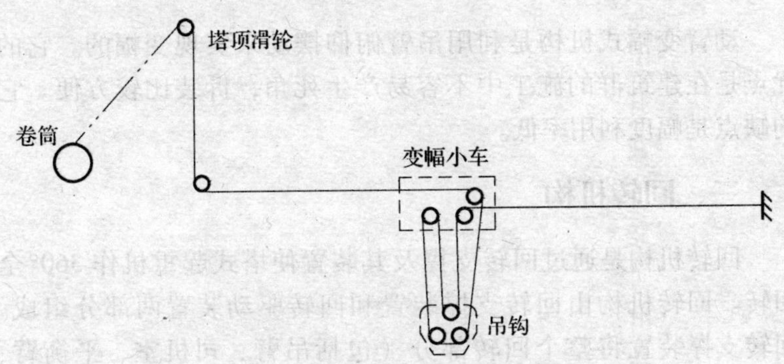

图 3—21　起升钢丝绳穿绕（4 倍率）示意图

二、变幅机构

塔式起重机的变幅机构也是一种卷扬机构，由电动机、变速箱、卷筒、制动器和机架组成。塔式起重机的变幅方式有两类：一类是起重臂为水平形式，载重小车沿起重臂上的轨道移动而改变幅度，称为小车变幅式；另一类是利用起重臂俯仰运动而改变臂端吊钩的幅度，称为动臂变幅式。

小车变幅式机构是利用小车沿吊臂水平移动来实现变幅的。

它的优点是安装就位准确、变幅速度快、幅度利用率大，该变幅方式目前应用较广。其钢丝绳的穿绕方法如图 3—22 所示。牵引钢丝绳的一端缠绕固定在卷筒上，另一端固定在小车上，变幅时靠钢丝绳的一收一放来保证小车的正常工作。

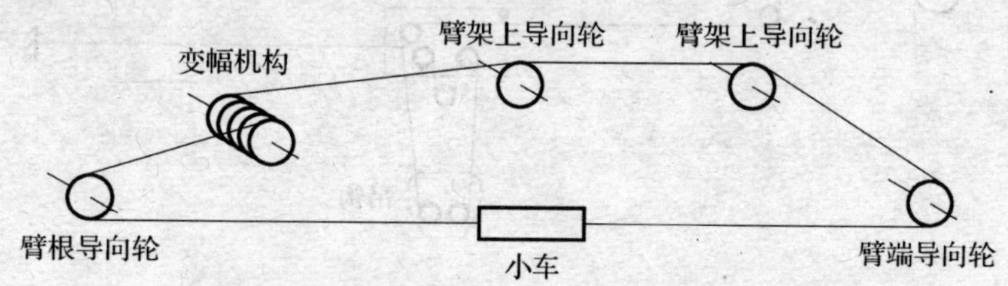

图 3—22　变幅小车牵引钢丝绳穿绕示意图

动臂变幅式机构是利用吊臂俯仰摆动来实现变幅的。它的优点是在建筑群的施工中不容易产生死角，拆装比较方便。它的缺点是幅度利用率低。

三、回转机构

回转机构是通过回转支撑及其装置使塔式起重机作 360°全回转。回转机构由回转支撑装置和回转驱动装置两部分组成。回转支撑装置将整个回转部分（包括吊臂、司机室、平衡臂、起升机构等）支持在固定部分上并承受起重机回转部分作用于它的垂直力、水平力和倾覆力矩。在回转限位开关的作用下，塔式起重机左、右回转运动一般限定为两圈。

塔式起重机回转机构由电动机、液力耦合器、制动器、变速箱和回转小齿轮等组成。回转机构的传动方式一般是电动机通过液力耦合器、变速箱带动小齿轮围绕大齿圈转动，驱动塔式起重机回转以上部分作回转运动，如图 3—23 所示。

塔式起重机回转机构具有调速和制动功能，调速分为有级调速和无级调速。有级调速主要有变级调速、绕线式电动机调速等。

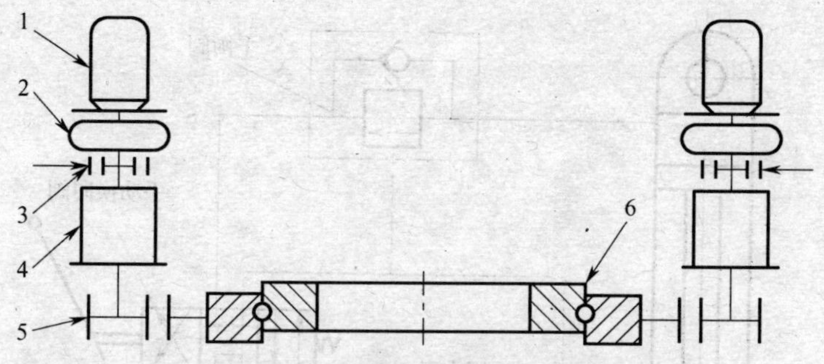

图 3—23 回转机构及回转支撑装置简图

1—电动机 2—液力耦合器 3—内置式（常开）电磁止动器
4—行星齿轮减速器 5—主动小齿轮 6—单排球式回转支撑

塔式起重机的起重臂较长，迎风面积大。因此，塔式起重机的回转机构一般均采用常开式制动器，即在非工作状态下，制动器松闸，使起重臂可以随风向自由转动。臂端始终指向顺风的方向，以降低风载力矩。

四、液压顶升机构

液压顶升机构是指用于自升式塔式起重机塔身升高或降低的液压动力系统。通过电动机驱动液压泵，将电能转化成液压能，再经过控制阀驱动液压缸转变为机械能驱动负载，使下支座以上部分与塔身标准节脱开，来完成塔身的升高或降低。

液压顶升机构由电动机、齿轮泵、手动换向阀、油缸、爬爪等组成，如图 3—24 所示。该机构操作方便，工作平稳，安全可靠。由于采用双向回油节流调速系统，能有效地控制下支座以上部分的顶升和回缩速度；在油路中装有液压锁（或限速锁），可保证液压缸工作过程中随时停留在任意位置，不致因瞬间停电或空气开关脱扣时，下支架以上部分自行下滑而发生危险。顶升时顶升横梁顶在塔身的支撑块上，在油缸的作用下套架连同下支座以上部分沿塔身轴心线上升，油缸顶升两次，

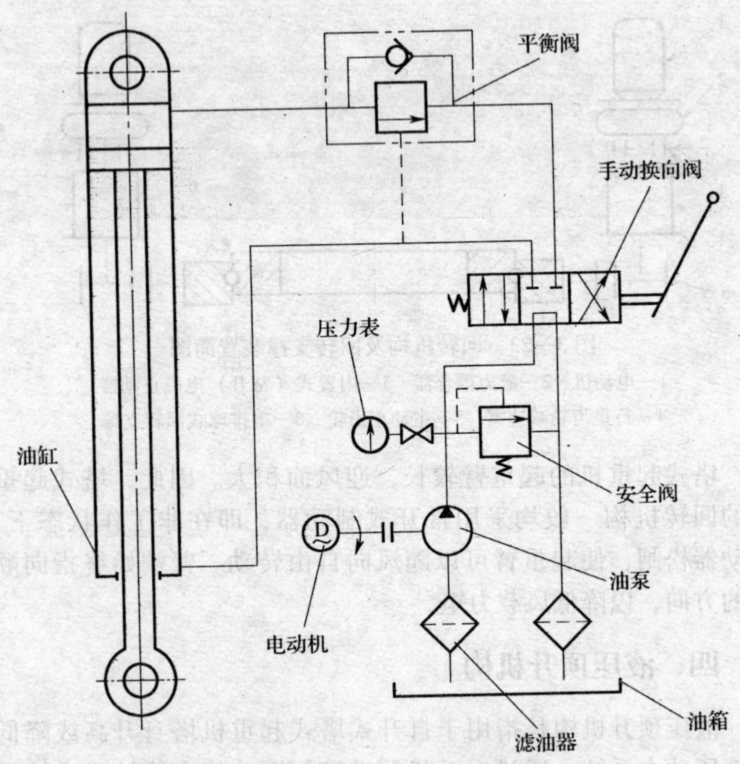

图 3—24　液压顶升机构传动简图

可引入一个标准节，并实现一次加节顶升过程。

五、行走机构

塔式起重机行走机构的作用是驱动塔式起重机沿轨道行驶，以扩大起重机的作业范围。行走机构由电动机、减速器、制动器、液力耦合器、两个主动台车和两个被动台车等组成，如图 3—25 所示。由于采用了液力耦合器使行走启动和停车平稳；行走机构主动台车和被动台车端部均装有夹轨器，防止非工作状态下塔式起重机受暴风袭击所引起的倾翻，并在主动台车车架

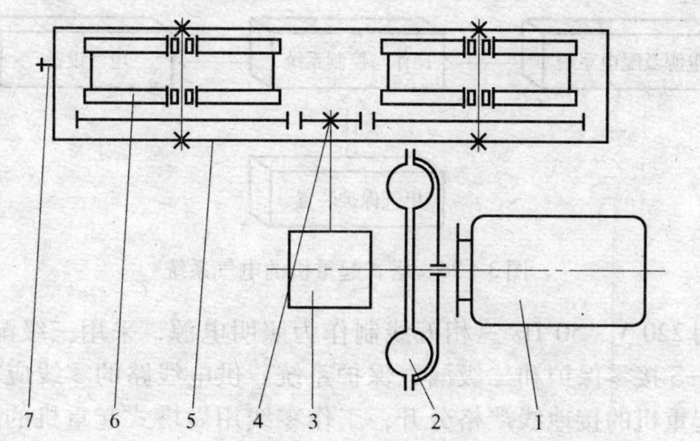

图 3—25　行走机构传动简图

1—电动机　2—液力耦合器　3—蜗轮减速箱　4—开式齿轮

5—行走台车架　6—行走轮　7—夹轨器

的顶端内侧装有行程限位开关，一旦塔式起重机运行超出轨道有效运行范围会自动切断电源而限位停车。

第三节　塔式起重机的电气系统

电气系统是塔式起重机一切指令传递并得以实现工作目的的系统机构，犹如人体的神经系统。塔式起重机的电气系统由电源及配电系统、操作与控制系统、电气保护装置、电气设备等构成，如图 3—26 所示。

一、电源及配电系统

1. 电源

电源是塔式起重机动力与照明的来源。塔式起重机的电源采用双线供电，即采用 380 V、50 Hz 三相五线制作为主电源，

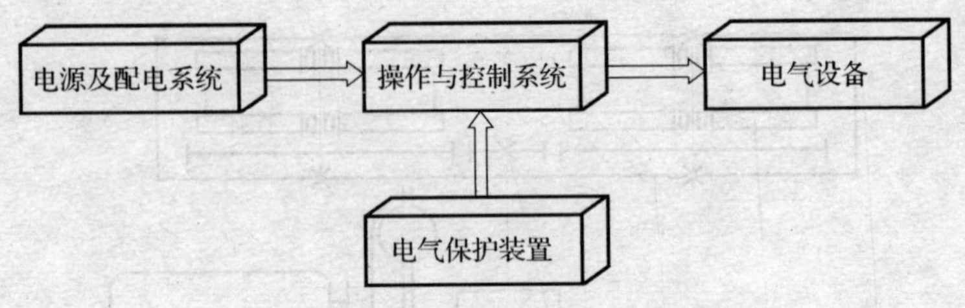

图 3—26　塔式起重机的电气系统

采用 220 V、50 Hz 三相五线制作为照明电源，采用三级配电，TN—S 接零保护和二级漏电保护系统。供电线路的零线应与塔式起重机的接地线严格分开，工作零线用做塔式起重机的照明等 220 V 的电气回路中；专用保护零线用做塔式起重机的设备外壳上，常称 PE 线，首端与变压器输出端的工作零线相连；中间与工作零线无任何连接，末端进行重复接地。沿塔式起重机标准节垂直悬挂的电缆，应采取护套绝缘电缆固定保护措施。

2. 配电系统

塔式起重机配电系统是指从供电电源通向电路、电气控制柜的配电装置。配电系统由电源、电路、电气控制柜（配电箱）等组成。动力配电系统由主电缆、二级配电箱、工作开关配电箱组成。塔式起重机总电源回路应设置总断路器。总断路器应具有电磁脱扣功能。照明配电系统是采用 220 V 电缆从二级配电箱中引入进入三级配电箱，塔式起重机高度超过 30 m，其照明电源一直保持通电状态，以保持红色障碍指示灯供电不应受停机的影响。配电系统动力电源与照明电源分别独立设置。对于轨道运行的塔式起重机应采用电缆卷筒或类似装置供电。电控柜应有门锁，门内应有电气原理图或布线图、操作指示等，门外应设有电危险的警示标志。

二、操作与控制系统

塔式起重机电气控制系统是塔式起重机的指挥中枢，是实现操作指令目的的装置。该系统有继电器控制、PLC 元件控制等方式。继电器控制应用最多最普遍。PLC 元件控制比较先进，采用了可编程控制器与变频器一起构成变频控制电路，目前逐渐在一些中大型的塔式起重机上得到运用。

塔式起重机电气控制系统按其职能由主回路和控制回路两大部分组成。主回路是指流过电气设备负荷电流的电路。控制回路是指控制主回路通断或监控，保护主回路正常工作的电路。

1. 主回路

主回路是电源接入塔式起重机后，通过开关到达各机构电动机及其他电气设备的走向。在主回路中串联一只总接触器进行电源的通断控制，总电源控制电路就是控制总接触器通断的电路。

电源首先通过总电源开关，总电源开关分别设置在塔式起重机底部的二级配电箱和司机室内容易操作的部位。司机室内的总开关起到总接触器的作用，电路中的保护装置和塔式起重机的安全装置也能控制总接触器，主要控制总接触器断开，切断电源，保护塔式起重机的机械或电气的安全。从总接触器出来的电源分别通往各机构电动机。

2. 控制回路

控制回路相对复杂些，是按照控制要求，控制塔式起重机电源的通断，以及对塔式起重机的使用安全和电气系统的安全进行监控。控制回路一般有继电器控制电路和电动机正反转控制电路。

（1）继电器控制电路

设定电动机正反转控制，按下启动按钮 SB，电源通过熔断器 FU1、停止按钮 SBS、启动按钮 SB、交流接触器线圈 KM、熔断器 FU2 构成回路。交流接触器线圈 KM 得电吸合，主触点 KM 接通电动机电源，电动机开始运转。由于启动按钮 SB 是自复位的，当手松开后，启动按钮 SB 就会断开，接通接触器线圈 KM

的电源也因此断开，电动机停转。因此在按钮 SB 处并联一组接触器 KM 的辅助常开触点，该辅助触点在接触器主触点吸合时也同时吸合，启动后的电源就从 KM 辅助触点通过，到达线圈 KM，使线圈保持通电状态。此电路称为自保电路，在接触器控制线路中经常用到。需要电动机停止运转时只要按下停止按钮 SBS，线圈 KM 失电，接触器主触点 KM 断开，电动机停转。如图 3—27 所示。

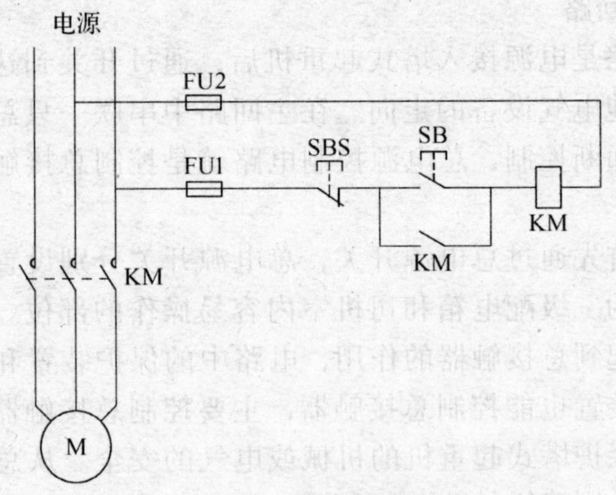

图 3—27 继电器控制电路

（2）电动机正反转控制电路

电动机的旋转方向是由电源的相序决定的，只要改变其电源相序即可改变它的旋转方向。在电动机正反转控制线路中增加了一只倒换电源相序的接触器，以及控制这只接触器的按钮开关，以控制电动机正、反运行。如图 3—28 所示。

（3）PLC 元件控制

PLC 元件控制就是用程序语言控制系统。它把操作者发出的上升、下降、回转、变幅等指令用程序语言编写出来，存储在计算机芯片中。这些语言规定当在什么指令与什么安全条件下，就可接通某个回路，当在另一种安全条件下，又该断开某

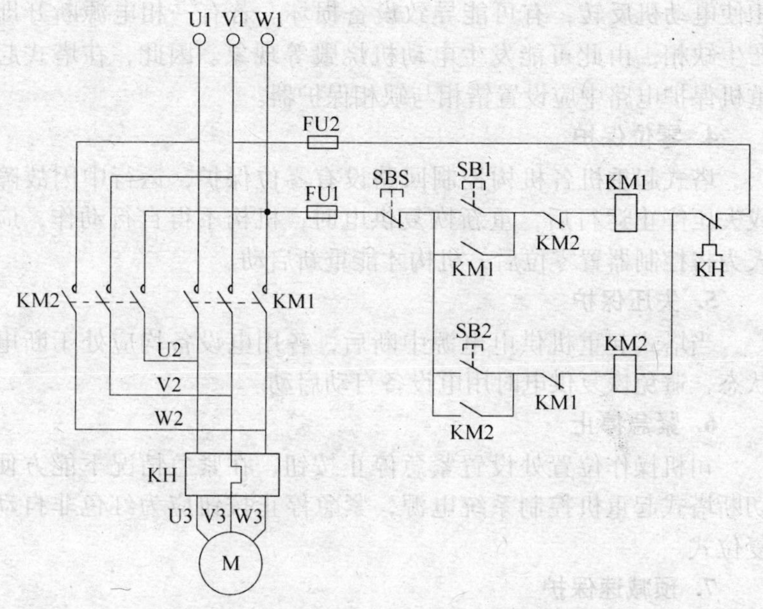

图 3—28　电动机正反转控制电路

回路，把操作过程规范化、程序化，从而达到控制整个塔式起重机的电气设备安全运转的目的。

三、电气保护装置

1. 电动机保护

电动机应具有短路保护和热过载保护等，具体选用应按电动机及其控制方式确定。

2. 线路保护

塔式起重机所有外部线路都应具有短路或接地引起的过电流保护功能，在线路发生短路或接地时，瞬时保护装置应能分断线路。

3. 错相与缺相保护

在装有三相交流电动机的设备中，若接线错误，则产生错相使电动机反转，有可能导致设备损坏。若有一相电源断开即产生缺相，由此可能发生电动机烧毁等现象。因此，在塔式起重机保护电路中应设置错相与缺相保护器。

4. 零位保护

塔式起重机各机构控制回路设有零位保护，运行中因故障或失压停止运行后，重新恢复供电时，机构不得自行动作，应人为将控制器置零位后，机构才能重新启动。

5. 失压保护

当塔式起重机供电电源中断后，各用电设备均应处于断电状态，避免恢复供电时用电设备自动启动。

6. 紧急停止

司机操作位置处设置紧急停止按钮，在紧急情况下能方便切断塔式起重机控制系统电源，紧急停止按钮应为红色非自动复位式。

7. 预减速保护

塔式起重机具有多挡变速的变幅机构，设有自动减速功能使变幅到达极限位置前自动降为低速运行。塔式起重机具有多挡变速的起升机构，设有自动减速功能使吊钩在到达上限位前自动降为低速运行。

8. 超速开关

对动臂变幅机构，一般设置超速开关。超速开关的整定值取决于控制系统性能和额定下降速度，通常为额定下降速度的1.25～1.4倍。

9. 避雷保护

为避免雷击，塔式起重机主体结构、电动机机座和所有电气设备的金属外壳、导线的金属保护管均应可靠接地，其接地电阻应不大于4 Ω。采用多处重复接地时，其接地电阻应不大于10 Ω。

10. 高度保护

塔顶高于30 m的塔式起重机，其最高点及臂端应安装红色障碍指示灯，指示灯的供电应不受停机影响。

11. 其他保护

塔式起重机的操纵装置上设有电源开合状态信号指示、超起重力矩和超起重量的报警或信号指示。司机室用取暖、降温设备应采用单独电源供电。选用冷暖风机时应选用铁壳防护式，并固定安装、外壳接地。

四、电气设备

塔式起重机的电气设备是指动力与电气设备元件。主要包括电动机、控制电器（接触器、继电器、制动器）、保护电器（空气开关、限位开关、漏电保护器）、电阻器、配电柜、连接线路等。

第四章 塔式起重机安全装置

塔式起重机安全装置是保证塔式起重机在允许载荷和工作空间中安全运行，提供设备和人身安全的重要组成部分。塔式起重机安全装置由四限位装置（起升、变幅、回转、行走），三保险装置（防脱绳、防断绳、防断轴），二限制装置（力矩、起重量），一报警装置（报警、监视装置）组成，俗称四限位三保险二限制一报警安全装置。

第一节 限位装置

限位装置主要控制行程运行，称为行程限位装置，主要包括起升高度限位器、幅度限位器、回转限位器、行走限位器等。

一、起升高度限位器

起升高度限位器是指限制起升吊钩最大起升高度和起重臂最小安全距离的安全装置，以避免吊钩超高与起重臂冲撞，防止发生起升钢丝绳拉断、起重臂拉翻等事故。起升高度限位器主要有重锤式、顶杆式、限位式。重锤式、顶杆式适用于动臂式塔式起重机，限位式适用于水平臂式塔式起重机。

1. 重锤式起升高度限位器

重锤式起升高度限位器是通过重锤重力作用力开启和闭合开关实现限位和解除限位功能的安全装置。处于非限位状态时，顶杆由于重锤重力克服弹簧的反作用力而向下，脱离限位开关，限位开关处于打开状态。当起升吊钩上升到重锤位置，顶起重锤，重锤失去重力，在弹簧的反作用力下，顶杆向上顶住限位开关，使触头打开，切断吊钩上升回路，限位开关的触头闭合，起到限位作用。如图 4—1 所示。

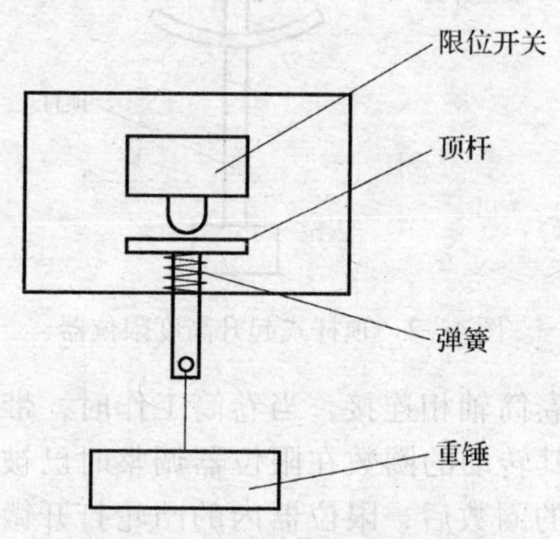

图 4—1　重锤式起升高度限位器

2. 顶杆式起升高度限位器

顶杆式起升高度限位器是通过摇臂带动凸轮（后仰）开启和（前倾）闭合开关实现限位和解除限位功能的安全装置。处于非限位状态时，起升吊钩未达到最高高度，顶杆无外力，摇臂凸轮处于脱离状态，限位开关触头打开。当起升吊钩上升到最高高度时顶起顶杆，而使摇臂带动凸轮打开限位开关，切断吊钩上升回路，限位开关的触头闭合，起到限位作用。如图 4—2所示。

3. 限位式起升高度限位器

限位式起升高度限位器是通过限制钢丝绳卷筒收紧钢丝绳方向的旋转圈数，限制了钢丝绳收紧的长度，限定了钢丝绳的长度，从而起到限制起升吊钩高度的安全装置。限制钢丝绳卷筒圈数的方法是采用多功能转角式行程开关，将限位器输入轴

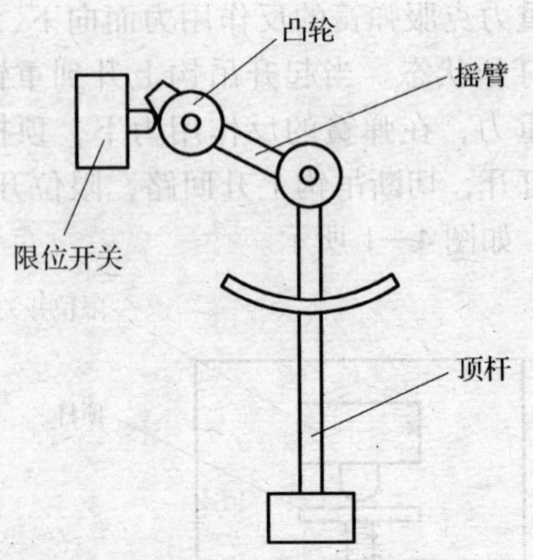

图 4—2　顶杆式起升高度限位器

与起升钢丝绳卷筒轴相连接，当卷筒工作时，带动限位器输入轴一起旋转，其转动的圈数在限位器调整时已被记录下来。卷筒旋转到规定的圈数后，限位器内的凸轮打开微动开关，切断起升上升控制回路控制电路，吊钩停止上升。

4. 起升高度限位器的设置要求

（1）对动臂变幅式塔式起重机，当吊钩装置顶部升至起重臂下端的最小距离（即 800 mm 处）时，应能立即停止起升运动。对没有变幅重物平移功能的动臂变幅式塔式起重机，还应同时切断向外变幅控制回路的电源，但应有下降和向内变幅运动。

（2）对小车变幅式塔式起重机，吊钩装置顶部升至小车架下端的最小距离（即 800 mm 处）时，应能立即停止起升运动，但可以下降运动。

（3）所有型式的塔式起重机，当钢丝绳松弛可能造成卷筒乱绳或反卷时应设置下限位器，在吊钩不能再下降或卷筒上钢丝绳只剩 3 圈时应能立即停止下降运动。

二、幅度限位器

幅度限位器是限制塔式起重机工作幅度变化的范围，防止变幅超出范围，造成安全事故的安全装置。动臂变幅式塔式起重机同时设置动臂式变幅限位器和防后倾装置。平臂式塔式起重机同时设置小车行程限位开关和终端缓冲装置。

1. 动臂式变幅限位器

动臂式变幅限位器是限制动臂式起重臂倾角的安全装置。动臂式变幅限位器由最小幅度限位开关、最大幅度限位开关、限位开关触块、拨杆等组成。拨杆的一端与动臂式起重臂相连，另一端与半圆形转盘相连，转盘上装有触块。处于限幅状态时，当起重臂倾角达到最小工作幅度或最大工作幅度时，触块正好压到相应的限位开关，从而切断变幅机构的电源，停止吊臂的变幅动作，起到限幅作用。处于非限幅状态时，当起重臂变幅改变倾角时带动拨杆，拨杆又带动装有触块的转盘旋转，触块脱离限位开关。如图 4—3 所示，当吊臂接近最大仰角时，限位开关触块 2 的挡块推动安装于臂根铰点处的拨杆 4，从而切断最大幅度限位开关 3 的电源。当吊臂接近最小仰角时，限位开关触块 2 的挡块推动安装于臂根铰点处的拨杆 4，从而切断最小幅度限位开关 1 的电源。

2. 平臂式变幅限位器

平臂式变幅限位器是指水平移动变幅小车在即将行驶到最小工作幅度或最大工作幅度时，断开变幅机构的单向工作电源，以保证小车运行安全的装置。限位开关动作后，小车停车时的端部距缓冲装置最小距离为 200 mm。

平臂式变幅限位器有开关位置固定式和牵引绳长度约束式两种方式。

(1) 开关位置固定式是把前限位开关和后限位开关直接固定到需要限位的位置，并在变幅移动小车上安装限位开关拨杆。

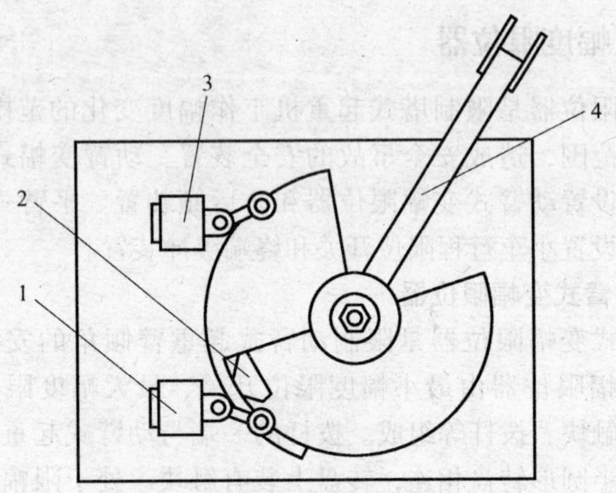

图4—3　动臂式变幅限位器结构示意

1—最小幅度限位开关　2—限位开关触块

3—最大幅度限位开关　4—拨杆

这样当变幅移动小车运行到限位器处，安装在移动小车上的拨杆打开限位开关，起到限位作用。

（2）牵引绳长度约束式是通过控制变幅牵引钢丝绳运行的长度来控制变幅行走小车的距离，约束小车变幅移动。其原理与起升高度限位器相同。

三、回转限位器

回转限位器是限制塔式起重机回转角度实现工作定位，避免与障碍物发生碰撞和电缆损坏的安全装置。设置中央集电环的塔式起重机在操作中可以实现回转限位，不设中央集电环的塔式起重机应设置正、反两个方向回转限位开关，使正、反两个方向回转范围控制在±540°。最常用的回转限位器是由带有减速装置的限位开关和小齿轮组成，限位器固定在塔式起重机回转上支座结构上。

塔式起重机回转部分在非工作状态下应解除限位，允许塔式起重机臂杆自由旋转。

图 4—4 所示为回转限位器的安装位置。当回转机构电动机 2 驱动塔式起重机上部转动时，通过大齿圈带动回转限位器的小齿轮 3 转动，塔式起重机的回转圈数即被记录下来，限位器的减速装置带动凸轮，凸轮上的凸块压下限位开关触头 1，从而断开相应的回转控制电源，停止回转运动。

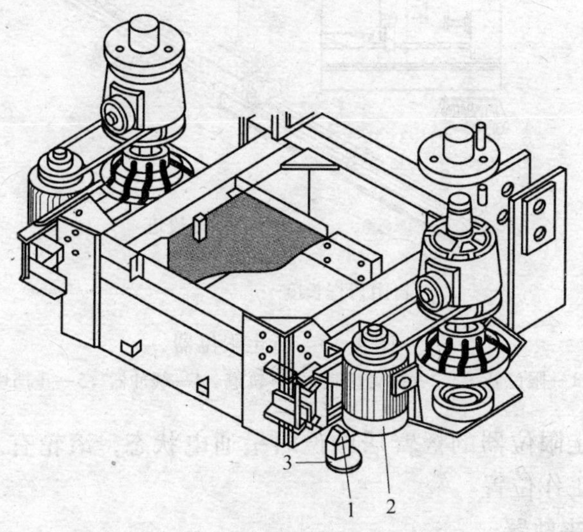

图 4—4　回转限位器的安装位置

1—触头　2—电动机　3—小齿轮

四、行走限位器

1. 行走限位器

行走限位器是限制塔式起重机大车行走范围，防止其出轨的安全装置。如图 4—5 所示，行走限位器通常装设于行走台车的端部，前后台车各设一套，可使塔式起重机在运行到轨道基础端部缓冲止挡装置之前，切断大车行走机构电源，使塔式起重机完全停车。行走限位器由限位开关、摇臂滚轮和碰杆等组

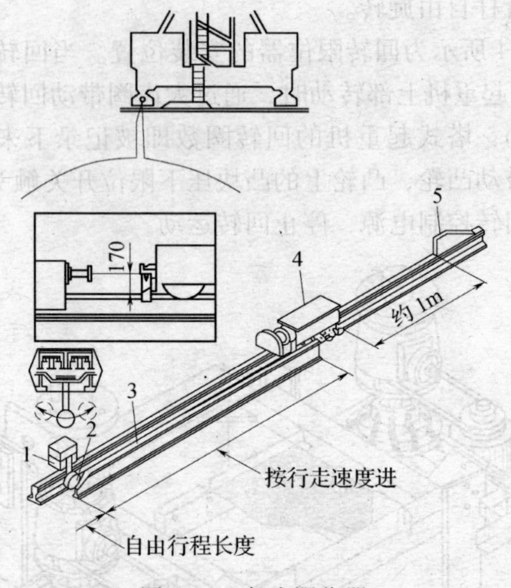

图 4—5　行走限位器

1—限位开关　2—摇臂滚轮　3—轨道　4—缓冲器　5—止挡块

成。行走限位器的摇臂居中位时呈通电状态，滚轮有左、右两个极限工作位置。

2. 夹轨器

夹轨器（也称抓轨器）是为轨道式塔式起重机专项设置的抵御强台风防止塔式起重机倾翻的安全装置。当遭遇强台风，塔式起重机停止工作后，只要切断电源，夹轨钳即可自动放下来，能自动对正轨道后下落并夹紧轨道。夹轨钳夹住轨道后即可自动夹到轨道下面的凹沟内，并夹紧轨道，使夹轨钳与轨道连接成一体，以保证塔式起重机的稳定性。如图 4—6 所示。

3. 缓冲器、止挡装置

缓冲器、止挡装置是在塔式起重机行走轨道和小车变幅行程末端设置的缓冲或止挡安全装置。

缓冲器是吸收能量防止撞击终端的安全装置，它设置在止

图 4—6　塔式起重机夹轨器

挡装置的前端，当塔式起重机行走或小车变幅行程进入末端时，缓冲器能够有效吸收能量，使塔式起重机较平稳地停车且不产生猛烈冲击。缓冲器普遍采用橡胶式、弹簧式和液压式三种形式。

止挡装置是安装在塔式起重机轨道终端制止塔式起重机继续运行的安全装置，该装置安装在缓冲器的后端。当塔式起重机未能在限位开关和缓冲器的作用下停止运行时，止挡装置将阻止塔式起重机运行，防止塔式起重机运行装置脱轨。

第二节　保险装置

塔式起重机保险装置是指冗余设计的一种保险与保护机构，以增加塔式起重机运行安全的可靠性。保险装置包括小车断绳保护装置、小车断轴保护装置、钢丝绳防脱装置。

一、小车断绳保护装置

小车变幅式塔式起重机在运行中受环境和荷载的影响，往往会造成钢丝绳磨损加剧，甚至造成钢丝绳破断，因此，小车变幅式塔式起重机在变幅的双向均应设置断绳保护装置，以阻止危害事故发生，如图 4—7 所示。

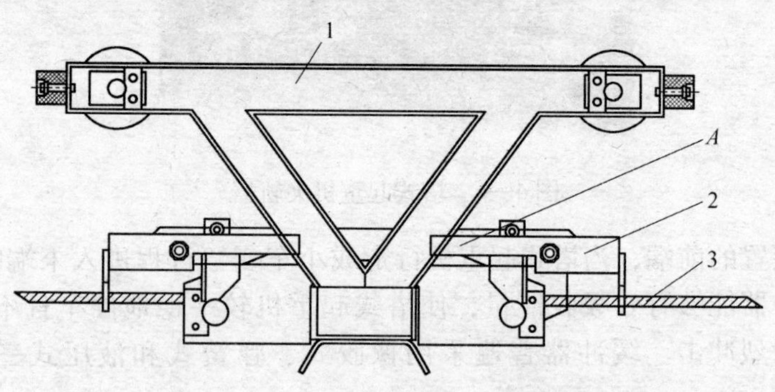

图 4—7　小车断绳保护装置示意

1—行走小车　2—断绳保护装置　3—小车牵引钢丝绳

其原理是，断绳保护装置 2 平时受牵引钢丝绳的牵制成水平状，小车处于正常运行状态。当发生牵引钢丝绳断绳现象时，钢丝绳下垂，断绳保护装置随着钢丝绳的下垂而成垂直状，*A* 点上翘。断绳保护装置的 *A* 点受起重臂下横腹杆的阻挡，阻止小车移动。这种装置简单有效，但在使用中，会出现因牵引钢丝绳松动引起装置 *A* 点上翘，影响小车正常运行，因此，必须调整好牵引钢丝绳的松紧度。另外，变幅小车是由两根钢丝绳分别牵引两个方向，所以需要具有两组断绳保护装置。

二、小车断轴保护装置

小车断轴保护装置是设置在小车变幅式塔式起重机上，即使小车轮轴断裂，也能阻止小车掉落的安全装置。小车断轴保护装置是依靠四个滚轮在起重臂的下弦杆上滚动，四根滚轮轴承受小车、吊具及起重物的全部重量。

小车断轴保护装置的原理如图 4—8 所示。当小车滚轮 3 的轴断裂时，固定挡板 2 即落在吊臂的弦杆上，断轴保护装置正好卡在滑轮轨道上，使小车不至于脱落。

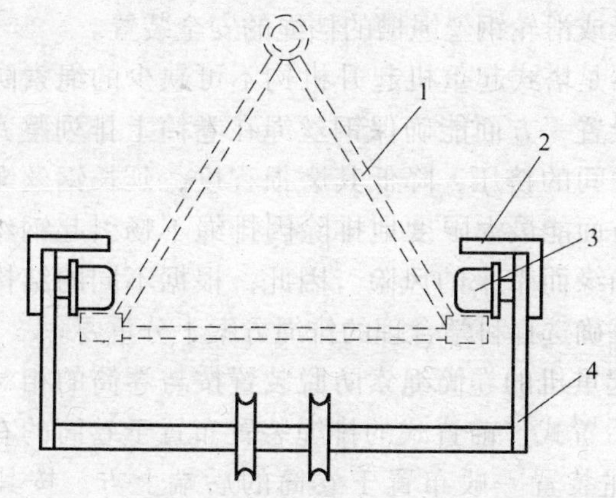

图 4—8　小车断轴保护装置示意

1—起重臂　2—固定挡板　3—小车滚轮　4—变幅小车

三、钢丝绳防脱装置

《塔式起重机安全规程》（GB 5144—2006）中明确规定：滑轮、起升卷筒及动臂塔式起重机的变幅卷筒均应设有钢丝绳防脱装置，该装置与滑轮或卷筒侧板最外缘的间隙不得超过钢丝绳直径的 20%，吊钩应设有防钢丝绳脱钩的装置。

1. 吊钩防脱钩装置

吊钩防脱钩装置（也称闭锁装置）结构简单，防脱钩装置是通过装置中弹簧的张力促使防脱钩挡板与吊钩保持封闭锁合状态，以防止钢丝绳从吊钩中脱出而发生危害性事故。由于操作不当往往导致吊钩触地或斜拉斜吊，或者钢丝绳在突然卸载和工作机构较大冲击作用下防脱限位板在吊具的推动下后移从而打开吊钩口，吊钩防脱装置闭锁失效钢丝绳被挤出，因此吊钩必须保持防脱钩装置有效功能。

2. 卷筒绳索防脱装置

卷筒绳索防脱装置（也称排绳器）是指引导和控制钢丝绳均匀、逐层排绕在卷筒上的辅助装置，是防止钢丝绳跳出卷筒两端边凸缘或滑轮钢丝绳槽的挡绳的安全装置。

排绳器是塔式起重机起升机构不可缺少的绳索防脱辅助装置。它的设置一方面能确保钢丝绳在卷筒上排列整齐，减轻钢丝绳相互之间的挤压，降低其磨损程度，延长钢丝绳的使用寿命；另一方面能最大限度地排除因排绳不畅引起钢丝绳跳出卷筒两端边凸缘而带来的风险。因此，根据不同的结构型式或受力情况，正确选择科学合理的排绳方案十分重要。

塔式起重机的卷筒绳索防脱装置按与卷筒的相对位置分为前置式和后置式。前置式的排绳装置布置于卷筒的右下方，后置式的排绳装置一般布置于卷筒的后端上方。按其工作方式分，卷筒绳索防脱装置可分为强制式排绳和自然式排绳。目前，塔式起重机普遍采用自然式排绳的方案。随着塔式起重机安全性能的提高，强制式卷筒绳索防脱装置开始在塔式起重机中应用。

第三节　限制装置

限制装置是指塔式起重机工作时，对于超载作业有防护作用的安全装置，包括力矩限制器、起重量限制器。

一、力矩限制器

力矩限制器分为机械式和电子式。机械式中又有弓板式和杠杆式等多种形式。机械式力矩限制器应用比较广泛，目前电子式力矩限制器已经在塔式起重机上逐步应用。

1. 弓板式力矩限制器

弓板式力矩限制器由调节螺栓、弓形钢板、限位开关等部件组成，如图 4—9 所示。弓板式力矩限制器有的安装在塔帽的主弦杆上，也有的安装在平衡臂上。其工作原理是相同的。当塔式起重机吊载重物时，由于载荷的作用，塔帽或平衡臂的主弦杆产生变形。这时力矩限制器上的弓形钢板也随之变形，并将弦杆的变形放大，使弓板上的调节螺栓与限位开关的距离随载荷的增加而逐渐缩小。当载荷达到额定载荷时，通过调节螺栓

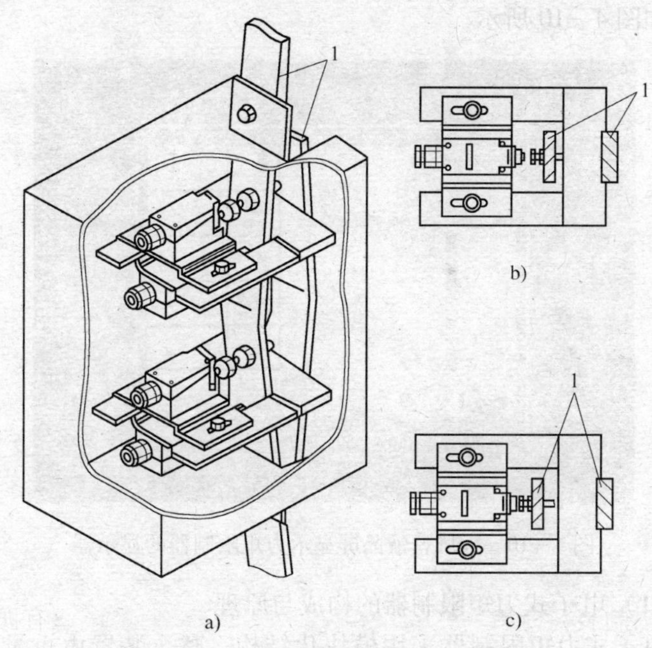

图 4—9 弓板式力矩限制器机构示意

a）限制器构造 b）载荷较小时状态 c）超载时状态

1—主弦杆变形放大图

来压迫限位开关，从而切断起升机构和变幅机构的电源，达到限制塔式起重机的吊重力矩载荷的目的。

2. 电子式力矩限制器

电子式力矩限制器是塔式起重机不可缺少的安全监控与安全保护装置，是独立的完全由计算机控制的安全操作系统，能自动检测出起重机所吊载的质量及起重臂所处的角度，并能显示出其额定载重量和实际载荷、工作半径、起重臂所处的角度。实时监控检测起重机工况，自带诊断功能、危险状况快速报警及安全控制。具有黑匣子的功能，自动记录作业时的危险工况，为事故分析处理提供依据。大屏幕液晶屏显示力矩限制器的显示器如图 4—10 所示。

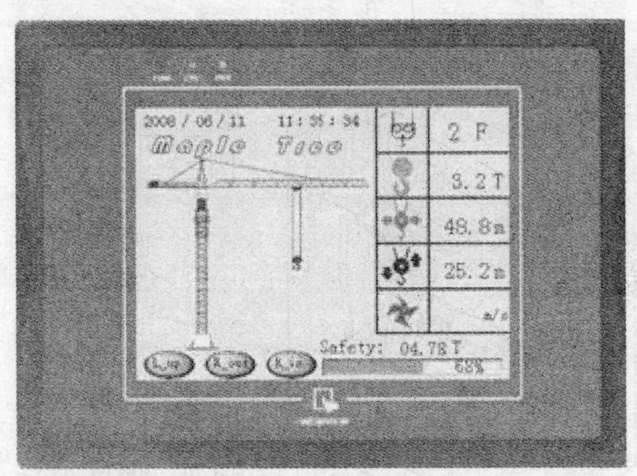

图 4—10　大屏幕液晶屏显示力矩限制器的显示器

（1）电子式力矩限制器的构成与原理

电子式力矩限制器采用模块化结构，整个装置由重量传感器、角度传感器、高度光电编码传感器（根据用户要求设置）、信号调理模块、模拟/数字转换模块、全液晶中文图形显示模块、专用按键、电源模块等部分组成。

当仪器接通电源，仪器内部各个模块初始化后，CPU 将自动采集来自角度传感器、重量传感器并经过信号调理模块处理后的模拟信号，再经过 A/D 转换成数字信号，经过 CPU 进行运算处理成相应的位移量和实际重量，将光电编码器送来的脉冲信号也转换为相应的高度，一起送给显示屏显示出相关数据，并与仪器内部 E2PROM 中预先设定的重量、高度极限值进行比较，当达到或超过预设的极限值时，就发出报警声、进行汉字提示并输出控制信号自动切断起重机械向危险方向的控制回路，但允许向安全方向运行，从而达到防止危险事故发生的目的。

（2）电子式力矩限制器的主要技术参数

电子式力矩限制器的主要技术参数见表 4—1。

表 4—1　　电子式力矩限制器的主要技术参数

序号	项　目	技术参数
1	工作环境温度	-20~60℃
2	工作环境湿度	95%（25℃）
3	工作电压	交流 220 V ±15%、直流 24 V ±20%
4	整机功耗	15 W
5	工作方式	连续
6	振 动	加速度≤5 g（g 为重力加速度）
7	分辨率	1 cm（高度和幅度）
8	系统综合误差	< ±3%

（3）电子式力矩限制器故障排除

电子式力矩限制器故障排除见表 4—2。

表 4—2　电子式力矩限制器故障排除

部位	故障	原因	措施
指示灯和仪表	指示灯（红灯、绿灯）不点亮，所有仪表都不动作	没有接通全自动超重防止装置电源开关	接通全自动超重防止装置电源开关
		连接器接触不良或破损	牢固地接好连接器（应预先断开电源）或加以更换
		断路器动作	与检修服务站取得联系
		没有接通启动开关	接通启动开关
		电源断线	查出断线部位后加以修理
	只有指示灯（红灯和绿灯）不点亮	灯丝熔断	更换指示灯
		内部电路发生故障	与检修服务站取得联系
	虽然指示灯点亮，但仪表指针指示零位	仪表内部或仪表连接电路断线	与检修服务站取得联系
	断开电源时指示灯（红灯和绿灯）熄灭，但仪表指针不回到零位	仪表发生故障	与检修服务站取得联系
		零位调整不当	重新调整零位
	虽然红灯点亮但不发生自动停止状态	电源连接器接触不良	牢固地接好连接器
		自动停止电路发生故障	与检修服务站取得联系
	指示灯和仪表都正常动作，但顶端的一节臂杆不能缩回或伸出	顺序控制电路发生故障	与检修服务站取得联系
		臂杆长度检测电路软线被卡住	恢复杆长度检测电路软线的正常状态，使臂杆从末段位置伸到前端位置后，重新开始作业
过卷防止装置	过卷防止装置不能动作（警铃不响，也不发生自动停止状态）	作业状态转换开关被置于“安装副杆”的位置	除了安装副杆以及使副杆复位时以外，不应把作业状态转换开关置于“安装副杆”的位置
		过卷防止电路软线漏电	查出漏电部位后加以绝缘
		过卷防止装置开关发生故障	更换过卷防止装置开关
	起重机处于过卷状态，警铃报警，或出现自动停止状态	过卷防止电路断线	更换过卷防止电路软线
		过卷防止电路软线的连接器接触不良	牢固地连接好过卷防止电路软线的连接器
		过卷防止装置开关发生故障	更换过卷防止装置开关
		电源连接器接触不良	牢固地接好电源连接器
		内部布线断线	与检修服务站取得联系
	自动停止装置一直在动作，不能回到正常状态	杠杆式开关调整不当	重新调整杠杆式开关
		电磁阀发生故障	与检修服务站取得联系

3. 使用力矩限制器的安全要求

（1）塔式起重机应安装力矩限制器。

（2）力矩限制器数值误差不应大于实际值的 ±5%。

（3）当起重力矩大于相应工况下的额定值并小于该额定值的 110% 时，应切断上升和幅度增大方向的电源，但机构可作下降和减小幅度方向的运动。

（4）力矩限制器控制定码变幅的触点或控制定幅变码的触点应分别设置，且能分别调整。

（5）力矩限制器经修复仍不能灵敏可靠地动作的，应立即报废。

（6）对小车变幅式塔式起重机，其最大变幅速度超过 40 m/min，在小车向外运行，且起重力矩达到额定值的 80% 时，变幅速度应自动转换为不大于 40 m/min 的速度。

二、起重量限制器

起重量限制器又称超载限制器，其作用是限制塔式起重机的最大起重量，防止过载。起重量限制器有电子式和机械式两种。

1. 电子式起重量限制器

该装置是由传感器、运算放大器、控制执行器和载荷指示计等部分组成，将显示、控制和报警功能集于一身。当起重机起吊物品时，传感器产生变形，把载荷转化为电信号，经过运算放大，指示出载荷的数值。当载荷达到额定值的 90% 时，发出预警信号；当载荷超过额定载荷时，切断起升机构的动力源。塔式起重机可以将起重量限制器与力矩限制器配合使用。

2. 机械式起重量限制器

机械式起重量限制器装置分为杠杆式、推杆式、测力环式和弹簧式。

(1) 杠杆式起重量限制器

如图4—11所示，它主要由杠杆（撞杆）、起升滑轮、弹簧及限位开关等组成。在正常的起重作业中，吊重小于额定起重量，起升钢丝绳的合力R对杠杆转轴O的力矩小于弹簧力N对O的力矩，即$Ra < Nb$，这时撞杆1不动，起重机照常运行。当超载时，即$Ra > Nb$，弹簧被压缩变形，撞杆向下移动，触动与起升机构线路连锁的限位开关2，使机构断电，停止工作，起到超载限制作用。

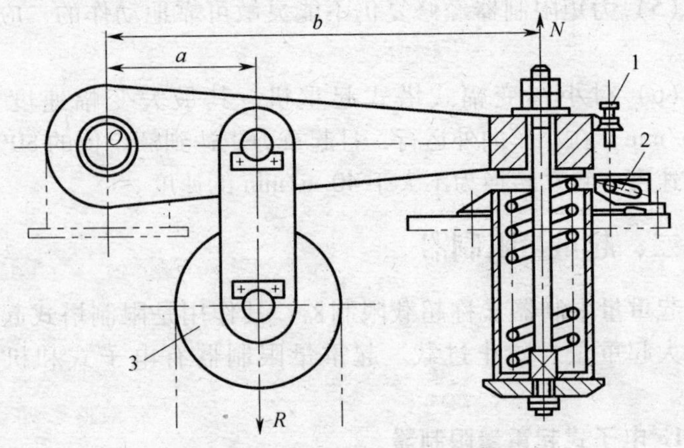

图4—11　杠杆式起重量限制器

1—撞杆　2—限位开关　3—起升滑轮

(2) 推杆式起重量限制器

如图4—12所示，推杆式起重量限制器由导向滑轮、弹簧推杆、力臂及限位开关等部件组成。这种限制器一般装在起重臂根部。由于塔式起重机吊重的作用，起升钢丝绳2受到拉力，推动力臂5，力臂5又作用于弹簧推杆4。当负载达到一定限值时，推杆便压迫限位开关3动作，通过限位开关3切断起升回路电源，起到限制超载起重量的作用。

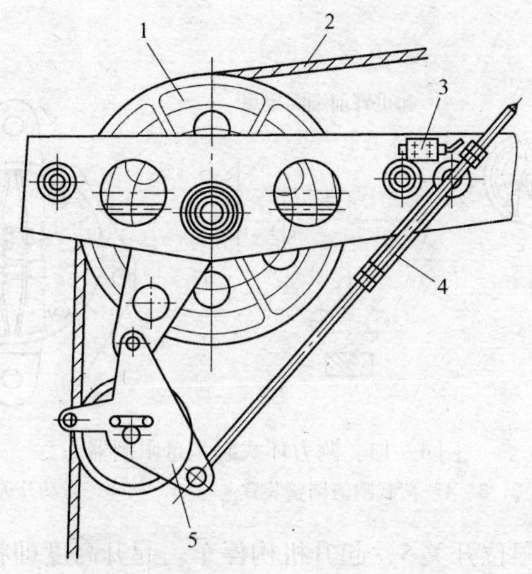

图 4—12　推杆式起重量限制器

1—导向滑轮　2—起升钢丝绳　3—限位开关　4—弹簧推杆　5—力臂

(3) 测力环式起重量限制器

测力环式起重量限制器由测力环、导向滑轮及限位开关等部件组成。其特点是体积紧凑，性能良好，便于调整。使用时，可根据载荷情况来调节固定在金属板条上的调整螺栓，调整设定动作荷载限值。测力环的一端固定于塔式起重机机构的支座上，另一端则固定在导向滑轮轴上。当塔式起重机吊载重物时，滑轮受到钢丝绳合力作用，并将此力传给测力环，测力环外壳产生弹性变形；测力环内的金属板条与测力环壳体固接，随壳体受力变形而延伸；当载荷超过额定起重量时，测力环内的金属板条压迫限位开关，使限位开关动作，从而切断起升回路电源，达到对起重量超载进行限制的目的。如图 4—13 所示。

(4) 弹簧式起重量限制器

如图 4—14 所示，弹簧式起重量限制器是一种起重量和起升高度限制器合为一体的限制装置。超载时，弹簧 13 被压缩，

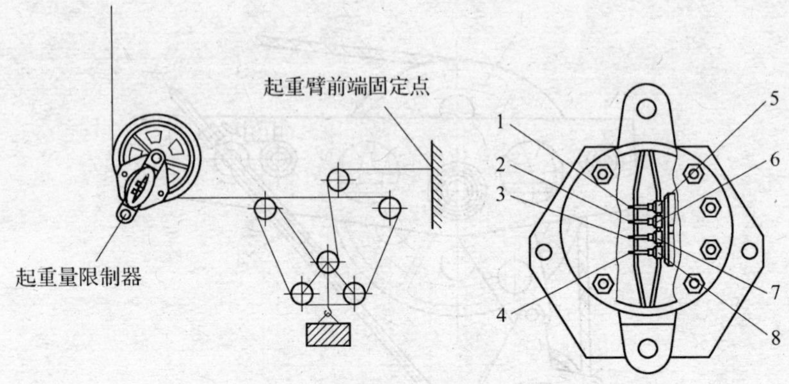

图 4—13　测力环式起重量限制器

1，2，3，4—荷载限值调整装置　5，6，7，8—微动开关

触杆 4 撞开限位开关 5，起升机构停车。起升高度即将越过卷扬滑轮时，由于重锤 10 被吊钩滑轮组抬起，通过链条 9 和杠杆 8，使触杆 7 撞开限位开关，塔式起重机起升卷扬停止上行，起到限制起升高度的作用。

3. 起重量限制器的安全要求

（1）起重量限制器的综合误差，机械式的不应大于 8%，电子式的不应大于 5%。

（2）载荷达到额定起重量的 90% 时，应能发出提示报警信号。

（3）起重机械装设起重量限制器后，应根据其性能和精度情况进行调整和标定，当载荷超过额定起重量时，能自动切断起升动力源，并发出禁止性报警信号。

（4）经修复仍不能可靠地动作的起重量限制器应报废。

（5）当起重量大于相应挡位的额定值并小于该额定值的 110% 时，应切断上升方向的电源，但机构可作下降方向的运动。

（6）起重量限制器的综合误差大于 10% 时应报废。

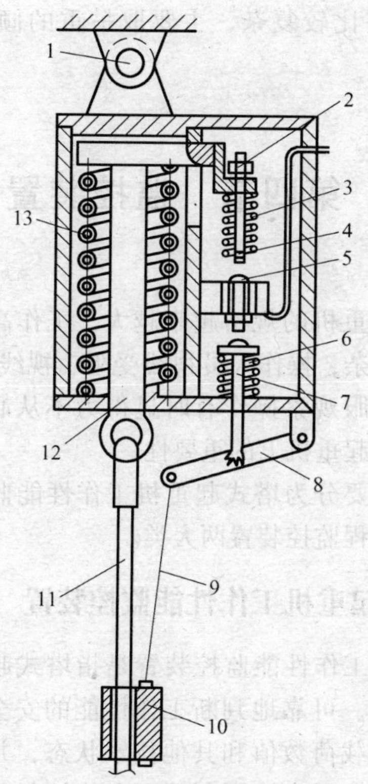

图 4—14　弹簧式起重量限制器

1—支铰　2—调节螺母　3，6，13—弹簧　4，7—触杆　5—限位开关
8—杠杆　9—链条　10—重锤　11—钢丝绳　12—滑杆

三、力矩限制器和起重量限制器的区别

塔式起重机上起重量限制器和力矩限制器有很大区别。

起重量限制器一般仅仅在极限重量时动作。譬如起重机的起重量是 50 t，最大吊重 50 t，则吊重 50 t 以上时起重量限制器就起作用。

力矩限制器是与吊重和吊点距离的乘积有关的保护器。力矩保护器的安装比较复杂，主要取吊重的倾翻力矩作为动作信号。

第四节　监控装置

随着塔式起重机的规格越来越大，工作高度不断增高，施工项目越来越复杂，操作人员视线受阻、视线盲区的现象增多，操作司机光靠肉眼观察操作有时显得力不从心，监控装置渐渐凸现出其在塔式起重机上的重要性。

监控装置主要分为塔式起重机工作性能监控装置和塔式起重机作业空间远程监控装置两大类。

一、塔式起重机工作性能监控装置

塔式起重机工作性能监控装置是指塔式起重机司机可以通过监控装置准确、可靠地判断工作性能的安全状态，监控装置及时准确地显示载荷数值和其他技术状态，并自动发出声光报警信息。特别是电子力矩限制器，它能够起到塔式起重机工作力矩监视与限制功能。该装置是通过感应传输系统传递分析最终显示信息的。如起重量、力矩、幅度、垂直度、风速、电源电压、电动机温度仪表显示器等。如图 4—15 所示。仪表显示器位于驾驶室内，重量传感器位于臂杆的前、后端部，幅度传感器位于小车行走部位，方位传感器位于塔式起重机平衡臂接近塔帽部位，风速传感器位于塔帽端部，高度传感器位于平衡臂接近配重部位。

二、塔式起重机作业空间远程监控装置

塔式起重机作业空间远程监控装置是指通过显示装置监视

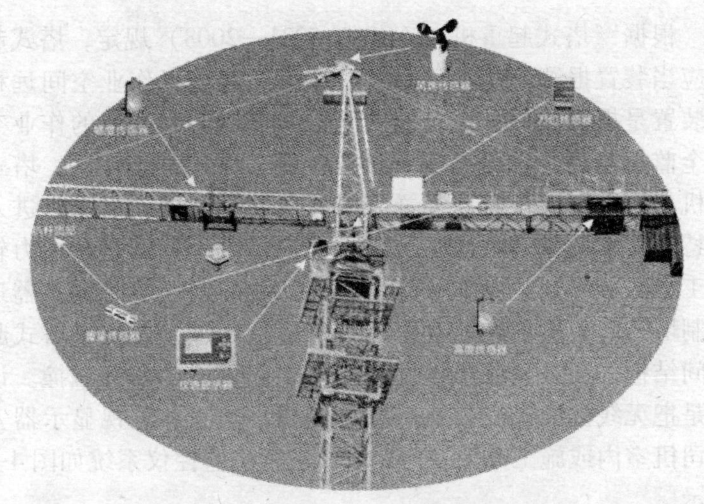

图 4—15　塔式起重机工作性能监控装置分布

施工现场，包括起重吊钩所处位置和塔式起重机之间安全距离及周围状况。该装置由防碰控制器、角度传感器、幅度传感器、报警显示器组成。塔式起重机作业空间远程监控装置的基本元件如图 4—16 所示。

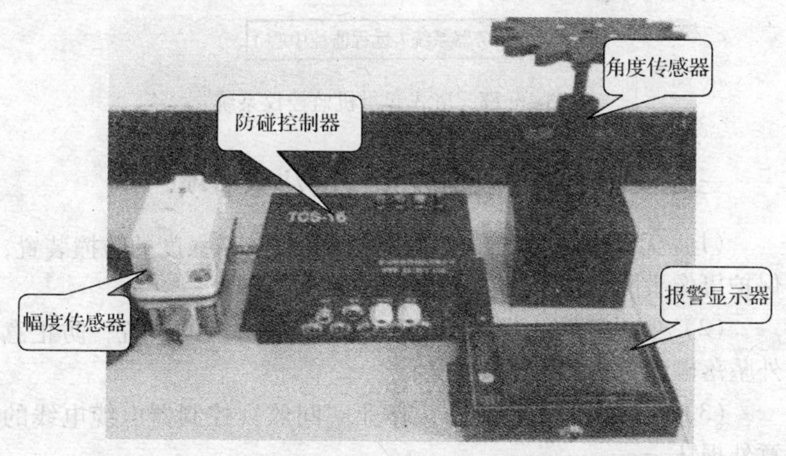

图 4—16　塔式起重机作业空间远程监控装置的基本元件

根据《塔式起重机》（GB/T 5031—2008）规定，塔式起重机应当装置报警及显示记录装置。塔式起重机作业空间远程监控装置是报警及显示记录装置之一，可以起到有效的作业空间安全监视监控，还可以实现远程控制。在正常工作时，塔式起重机工作空间远程监控装置应根据需要限制塔式起重机进入某些特定的区域或进入该区域后不允许吊载，特别是在风力较大的工作区域起到监控作用。对群塔（两台以上），该限制器还应限制塔式起重机回转、变幅和整机运行区域，以防止塔式起重机间结构、起升绳或吊重发生与塔式起重机的相互碰撞。该装置是把无线摄像头安装在吊钩或变幅小车上，监视显示器安装在司机室内或施工办公室内，塔式起重机监控仪系统如图 4—17 所示。

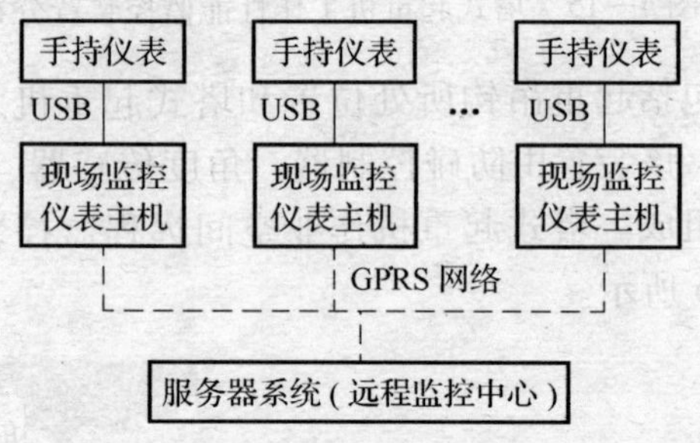

图 4—17　塔式起重机监控仪系统

三、使用无线可视监视系统的注意事项

（1）无线摄像头安装位置需设置具有较高强度的防撞装置，保护摄像头的安全，防止摄像头被撞。

（2）要设置防止摄像头、电池等物件坠落的装置，防止意外坠落砸到人员，发生安全事故。

（3）应采取有效措施防止作业空间监视控制器电缆电线的意外损坏。

四、风速仪

根据《塔式起重机》（GB/T 5031—2008）的规定，高度超过 50 m 的塔式起重机，应配备风速仪，当风速大于工作允许风速时，应能发出停止作业的警报。风速仪是监视塔式起重机所处工作状态下的风力程度的信息反映装置，是准确判断塔式起重机是否可以工作，是否需要加固防范的信息来源。如图 4—18 所示。

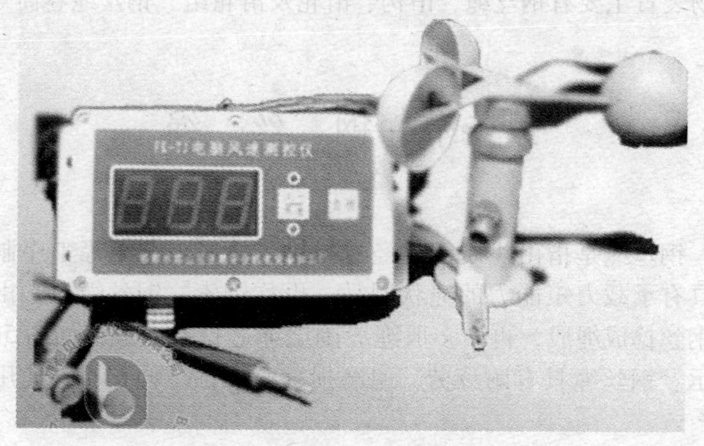

图 4—18　风速仪

第五章

塔式起重机取物装置

将起吊物体与提升机构联系起来，使物体在水平和垂直运行中实现装卸吊运和安装作业的系统装置称为起重取物装置。取物装置主要有钢丝绳、吊钩、滑轮及滑轮组、钢丝绳卷筒等。

第一节　钢　丝　绳

钢丝绳是指由优质钢丝经过打轴、捻股、合绳等工序制成的具有承载力矩能力的绳状制品，也称钢索。钢丝绳通常由多根钢丝捻成绳股，再由多股绳股围绕绳芯捻制而成，如图 5—1 所示。钢丝绳具有耐疲劳，耐磨损，耐腐蚀，伸长小，使用寿

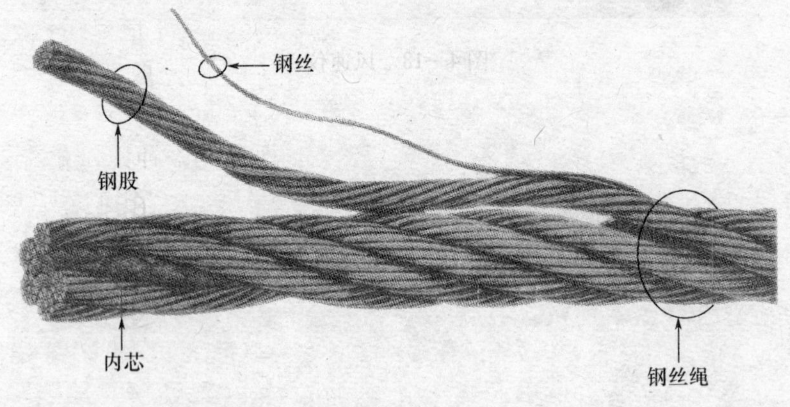

图 5—1　钢丝绳

命长，运行安全可靠，不松散，受天气变化影响较小的特性。

一、钢丝绳分类

1. 按使用途径划分

依据《一般用途钢丝绳》（GB/T 20118—2006）和《重要用途钢丝绳》（GB 8918—2006）的规定，钢丝绳分为一般用途钢丝绳和重要用途钢丝绳两大类。

一般用途钢丝绳用于振动荷载较轻的取物机构上，如塔式起重机的起升和变幅机构、起重司索绳、吊具索具绳、缆风绳、小型吊装结构等。

重要用途钢丝绳用于荷载承受能力大的重要部位上，如桥梁拉索、索道缆绳、大型卷扬机、大型起重机、船舶和海上设施等。

2. 按制作方式划分

（1）按绳和股的断面分类

施工现场常见钢丝绳的断面如图 5—2、图 5—3 所示。如图 5—2a 所示的 6×19+FC 为 6 股 19 根丝纤维芯钢丝绳，如图 5—2b 所示的 6×19S+IWR 为 6 股 19 根丝西鲁式钢芯钢丝绳，如图 5—2c 所示的 6×19W+FC 为 6 股 19 根丝瓦林吞式纤维芯钢丝绳，如图 5—2d 所示的 6×19W+IWR 为 6 股 19 根丝瓦林吞式钢芯钢丝绳。如图 5—3a 所示的 6×37S+FC 为 6 股 37 根丝西鲁式纤维芯钢丝绳，如图 5—3b 所示的 6×37S+IWR 为 6 股 37 根丝西鲁式钢芯钢丝绳。S 和 W 是钢丝绳结构的一种排列方式。

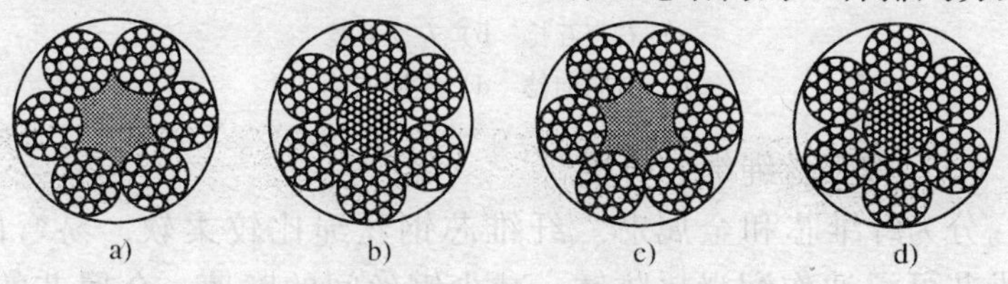

图 5—2　6×19 钢丝绳断面图

a）6×19+FC　b）6×19S+IWR　c）6×19W+FC　d）6×19W+IWR

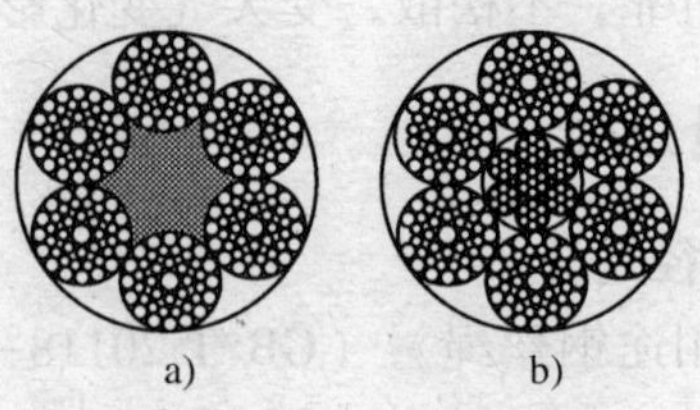

图 5—3　6 × 3 钢丝绳断面图

a）6 × 37S + FC　b）6 × 37S + IWR

钢丝绳的分类见表 5—1。

（2）按钢丝绳的捻法分类

分为右交互捻（ZS）、左交互捻（SZ）、右同向捻（ZZ）和左同向捻（SS）4 种，如图 5—4 所示。起重机起升机构和变幅机构必须采用交互捻钢丝绳，以防钢丝绳松散和扭转。

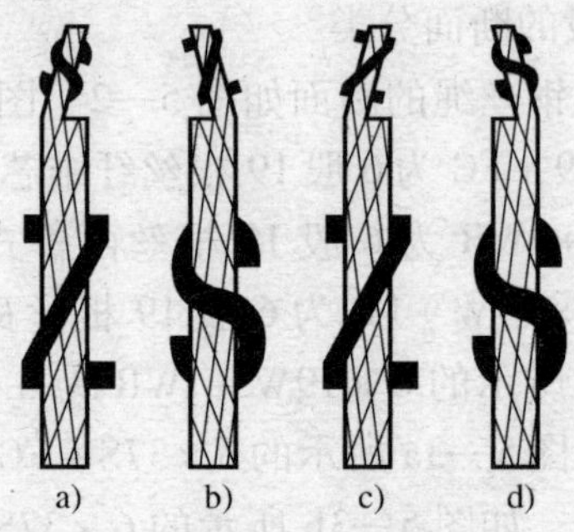

图 5—4　钢丝绳按捻法分类

a）右交互捻　b）左交互捻

c）右同向捻　d）左同向捻

（3）按钢丝绳绳芯分类

分为纤维芯和金属芯。纤维芯钢丝绳比较柔软，易弯曲，纤维芯可浸油作润滑、防锈，减少钢丝间的摩擦；金属芯的钢丝绳耐高温、耐重压、硬度大、不易弯曲。

表 5—1　钢丝绳的分类

组别	类别		分类原则	典型结构		直径范围(mm)
				钢丝绳	股绳	
1	圆股钢丝绳	6×7	6 个圆股。每股外层丝可到 7 根，中心丝（或无）外捻制 1～2 层钢丝，钢丝等捻距	6×7	(1+6)	8～36
				6×9W	(3+3/3)	14～36
2		6×19	6 个圆股，每股外层丝 8～12 根，中心丝外捻制 2～3 层钢丝，钢丝等捻距	6×19S	(1+9+9)	12～36
				6×19W	(1+6+6/6)	12～40
				6×25Fi	(1+6+6F+12)	12～44
				6×26WS	(1+5+5/5+10)	20～40
				6×31WS	(1+6+6/6+6+12)	22～46
3		6×37	6 个圆股，每股外层丝 14～18 根，中心丝外捻制 3～4 层钢丝，钢丝等捻距	6×29Fi	(1+7+7F+14)	14～44
				6×36WS	(1+7+7/7+14)	18～60
				6×37S（点线接触）	(1+6+15+15)	20～60
				6×41WS	(1+8+8/8+16)	32～65
				6×49SWS	(1+8+8/8+8+16)	36～60
				6×55SWS	(1+9+9+9/9+18)	36～64
4		8×19	8 个圆股，每股外层丝 8～12 根，中心丝外捻制 2～3 层钢丝，钢丝等捻距	8×19S	(9+9+1)	11～44
				8×19W	(6/6+6+1)	10～48
				8×25Fi	(12+6F+6+1)	18～52
				8×26SW	(10+5/5+5+1)	16～48
				8×31SW	(12+6/6+6+1)	14～56

续表

组别	类别		分类原则	典型结构		直径范围(mm)
				钢丝绳	股绳	
5	圆股钢丝绳	8×37	8 个圆股,每股外层丝 14～18 根,中心丝外捻制 3～4 层钢丝,钢丝等捻距	8×36WS 8×41WS 8×49SWS 8×55SWS	(1+7+7/7+14) (1+8+8/8+16 (1+8+8+8/8+16) (1+9+9+9/9+18)	22～60 40～56 44～64 44～64
6		18×7	钢丝绳中有 17 个或 18 个圆股,每股外层丝 4～7 根,在纤维芯或钢芯外捻制 2 层股	17×7 18×7	(1+6) (1+6)	12～60 12～60
7		18×19	钢丝绳中有 17 个或 18 个圆股,每股外层丝 8～12 根,钢丝等捻距,在纤维芯或钢芯外捻制 2 层股	18×19W 18×19S	(1+6+6/6) (1+9+9)	24～60 28～60
8		34×7	钢丝绳中有 34～36 个圆股,每股外层丝 7 根,在纤维芯或钢芯外捻制 3 层股	34×7 36×7	(1+6) (1+6)	16～60 20～60
9		35W×7	钢丝绳中有 24～40 个圆股,每股外层丝 4～8 根,在纤维芯或钢芯外捻制 3 层股	35W×7 24W×7	(1+6)	16～60

(4) 按钢丝绳捻绕次数分类

分为单绕绳和双绕绳。

(5) 按钢丝绳接触状态分类

分为点接触钢丝绳、线接触钢丝绳和面接触钢丝绳。

(6) 按钢丝绳表面状态分类

分为光面（无镀层）、镀（涂）层（镀锌层、镀铝层、镀铜层、塑料涂层）。

(7) 按钢丝绳中股的数目分类

分为 4 股绳、6 股绳、8 股绳和 18 股绳等。

二、钢丝绳的选用

1. 安全系数

钢丝绳在使用中受荷载和受力不均影响，不确定因素或意外情况影响，环境因素影响等多种情况影响，在选择钢丝绳时必须预留储备能力，也就是安全系数。钢丝绳的安全系数可以参见表 5—2。

表 5—2　　钢丝绳的安全系数

用　途	安全系数	用　途	安全系数
作缆风绳	3.5	作吊索、无弯曲时	6～7
用于手动起重设备	4.5	作捆绑吊索	8～10
用于机动起重设备	5～6	用于载人的升降机	14

2. 影响钢丝绳安全系数的因素

(1) 钢丝绳的磨损、疲劳破坏、锈蚀、不恰当使用、尺寸误差、制造质量缺陷等不利因素带来的影响。

(2) 钢丝绳的固定强度达不到钢丝绳本身的强度。

(3) 由于惯性及加速作用（如启动、制动、振动等）而造成的附加荷载的作用。

(4) 由于钢丝绳通过滑轮槽时的摩擦阻力作用。

（5）吊装时载物、吊索及吊具的超载影响。

（6）钢丝绳在绳槽中反复弯曲而造成的危害的影响。

（7）钢丝绳在卷筒中出现啃绳、咬绳、爬绳现象的影响。

3. 钢丝绳的存储和运输

（1）运输过程中，应注意不要损坏钢丝绳表面。

（2）绳应储存于干燥而有木地板或沥青、混凝土地面的仓库里，以免腐蚀。

（3）在堆放时，成卷的钢丝绳应竖立放置（即卷轴与地面平行），不得平放。

（4）必须在露天存放时，地面上应垫木方，并用防水毡布覆盖。

三、钢丝绳的安装

1. 钢丝绳的解卷

（1）解卷展绳时应将绳盘放在专用支架上，也可用一根钢管穿入绳盘孔，两端套上绳索吊起，将绳盘缓缓转动，如图5—5所示。

（2）在整卷钢丝绳中引出一根绳头并拉出一部分重新盘绕成卷时，松绳的引出方向和重新盘绕成卷的绕行方向应保持一致，不得随意抽取，以免形成圈套和死结。

（3）在钢丝绳解卷或重新缠绕过程中，应避免钢丝绳与污泥接触，以防止钢丝绳生锈。

（4）解卷展绳时应避免钢丝绳与电焊线碰触，与明火保持足够的安全距离，以防引燃钢丝绳表明的油层。

2. 钢丝绳的穿绕

（1）钢丝绳的使用寿命，在很大程度上取决于穿绕方式，因此，要由训练有素的技工细心地进行穿绕，并应在穿绕时将钢丝绳涂满润滑脂。

（2）当由钢丝绳卷直接往起升机构卷筒上缠绕时，应把整

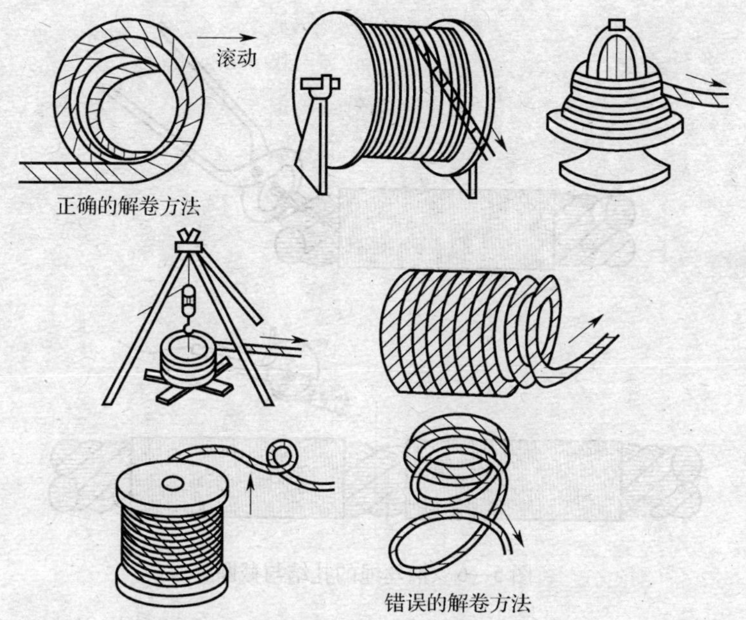

图 5—5　钢丝绳的解卷

卷钢丝绳架在专用的支架上，松卷时的旋转方向应与起升机构卷筒上绕绳的方向一致；卷筒上绳槽的走向应与钢丝绳的捻向相适应。

（3）钢丝绳在卷筒上的缠绕方向必须根据钢丝绳的捻向，右捻绳从左到右，左捻绳从右到左排列，缠绕应排列整齐，避免出现偏绕或夹绕现象。

（4）俯仰变幅动臂式塔式起重机的臂架拉绳捻向必须与臂架变幅绳的捻向相同。起升钢丝绳的捻向必须与起升卷筒上的钢丝绳绕向相反。

3. 钢丝绳的剪切

（1）钢丝绳剪切前应在切割处两边距离 10 ~ 20 mm 处用铁丝扎紧，以免钢丝绳在断头处松开，再用切割工具切断。如图 5—6所示。

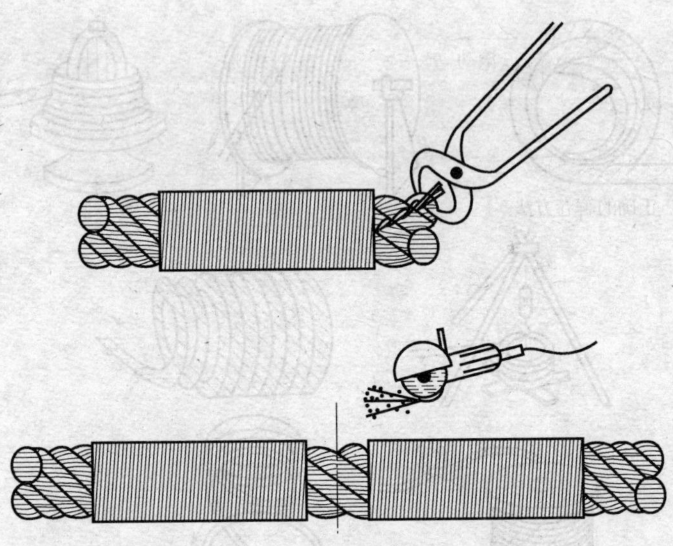

图 5—6　钢丝绳的扎结与截断

（2）在截断钢丝绳时，应使用专用刀具或砂轮锯截断，避免使用气焊切割，以防钢丝绳润滑油燃烧而损坏钢丝绳。

（3）钢丝绳的扎结长度随钢丝绳直径大小而定。直径为 15～24 mm 的钢丝绳，扎结长度应不小于 25 mm；直径为 25～30 mm的钢丝绳，其扎结长度应不小于 40 mm；直径为 31～44 mm的钢丝绳，其扎结长度不得小于 50 mm；直径为 45～51 mm的钢丝绳，其扎结长度不得小于 75 mm。

四、钢丝绳的固定

1. 钢丝绳的固定种类

钢丝绳绳端的固定连接一般分为四种，即编绕法、楔形套法、灌铅法、绳卡固定法，如图 5—7 所示。

2. 钢丝绳的固定要求

（1）编绕法

编绕长度不应大于钢丝绳直径的 25 倍，且不应小于 300 mm；

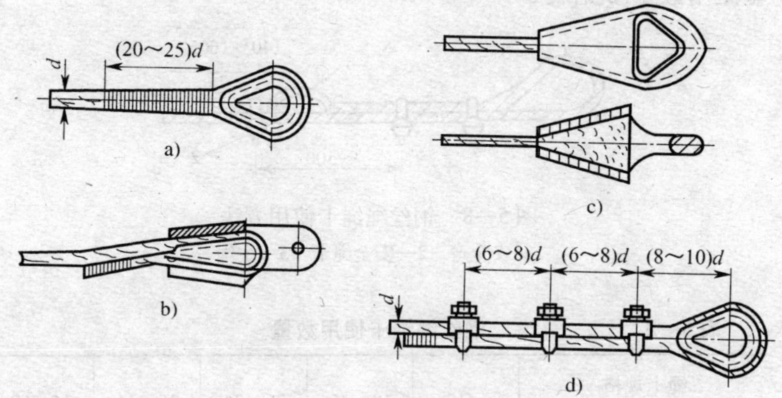

图 5—7　钢丝绳末端固定方法

a）编绕法　b）楔形套法　c）灌铅法　d）绳卡固定法

连接强度不得小于钢丝绳破断拉力的 75%，如图5—7a所示。

（2）楔形套法

楔形套应用钢材制造，钢丝绳一端绕过楔块，利用楔块在套筒内的锁紧作用使钢丝绳固定。固定处的强度为绳自身强度的 75% ~85%。连接强度不小于钢丝绳破断拉力的 75%，如图 5—7b所示。

（3）灌铅法

先将钢丝绳规定处拆散，切去绳芯后插入锥形套内，再将钢丝绳末端弯成钩状，浇入铅液凝固而成。连接强度应达到钢丝绳破断拉力的 85%，如图 5—7c 所示。

（4）绳卡固定法

该法是将钢丝绳的末端使用钢丝绳绳卡拧紧，绳卡的数量与间距和钢丝绳直径成正比，间距不小于钢丝绳直径的 6 倍，绳卡压板应在钢丝绳长头一边，绳卡应按规定扭矩拧紧，并预留安全弯，以防钢丝绳窜动或卡子失效。同时应保证连接强度不小于钢丝绳破断拉力的 85%。如图 5—7d 和图 5—8 所示。绳卡使用数量参见表 5—3。

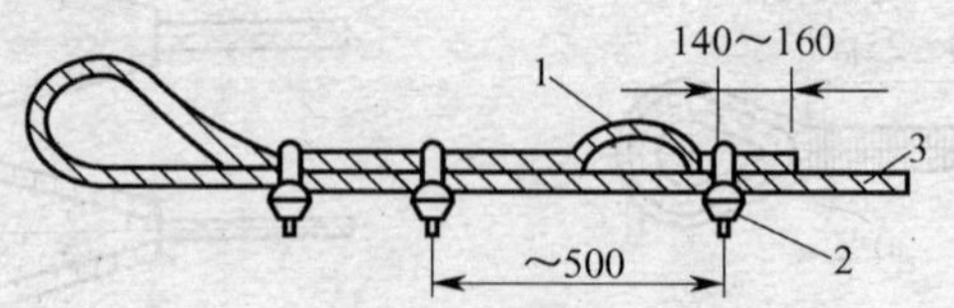

图 5—8　钢丝绳绳卡使用方法

1—安全弯　2—安全绳卡　3—主绳

表 5—3　　　　钢丝绳绳卡使用数量

绳卡规格（钢丝绳直径，mm）	≤18	18～26	26～36	36～44	44～60
绳卡最少使用数量（个）	3	4	5	6	7

五、使用钢丝绳的基本要求

1. 使用钢丝绳的注意事项

钢丝绳受力较复杂，除拉伸外，当钢丝绳绕过滑轮绕入卷筒时，在钢丝中还产生弯曲应力和接触应力，外层钢丝应力最大，疲劳破坏由外层钢丝开始。因此，应注意以下注意事项：

（1）尽可能选用较大的卷筒和滑轮直径（D）。如 $D\geqslant 35d$（d 为钢丝绳直径），以保持钢丝绳正常的使用寿命。

（2）单层缠绕的卷筒应切出螺旋槽，螺旋槽和滑轮槽的半径 r 应与钢丝绳直径 d 相适应，r 太大会使钢丝绳与槽底接触面积太小，r 太小有将钢丝绳卡紧的可能。因此，应选择适宜的螺旋槽和滑轮槽的半径。

（3）卷筒和滑轮的材料硬度对钢丝绳使用寿命有影响，铸铁比铸钢有利。在槽底镶铝合金或尼龙衬垫，可降低钢丝绳的接触应力，延长钢丝绳的使用寿命。

(4) 应当尽量减少钢丝绳的弯曲次数，即不要使钢丝绳通过太多的滑轮。同时，要避免反向弯曲，因为反向弯曲的破坏作用为同向弯曲的两倍。

(5) 为提高钢丝绳的使用寿命，应尽量选用线接触钢丝绳，不宜选用点接触钢丝绳。

(6) 选用钢丝绳的强度不宜过高，一般不应超过1 700 N/mm^2。

(7) 钢丝绳在卷筒上，应能按顺序整齐排列，不得出现爬绳或啃绳现象。

(8) 荷载由多根钢丝绳支撑时，应设有使每根钢丝绳均衡受力的装置。

(9) 起升机构和变幅机构不得使用编绕接长的钢丝绳。使用其他方法接长钢丝绳时，必须保证接头连接强度不小于钢丝绳破断拉力的90%。

(10) 起升高度较大的起重机，宜采用不旋转、无松散倾向的钢丝绳。采用其他钢丝绳时，应有防止钢丝绳和吊具旋转的装置或措施。

(11) 当吊钩处于工作位置最低点时，钢丝绳在卷筒上缠绕的圈数，除去固定绳尾的圈数，不得少于3圈。

(12) 吊运熔化或炽热金属的钢丝绳，应采用石棉芯等耐高温的钢丝绳。

(13) 钢丝绳开卷解绳时，应防止打结或扭曲；安装钢丝绳时，应在洁净地面开卷放绳，不应绕在其他物体上，防止划、磨、碾压和过度弯曲。

(14) 不得超负荷使用钢丝绳，应在允许的负荷下作业；应避免和物件的尖棱锐角直接接触；在使用中应避免扭结。

2. 钢丝绳的使用选择

根据起重吊装作业的实际需要，一般情况下，钢丝绳的选用如下：

（1）6×19 规格的钢丝绳用于缆风绳、拉索及制作起重吊索索具，一般用于受弯曲荷载较小或遭受磨损的地方。

（2）6×37 规格的钢丝绳用于起重作业中捆扎各种物件及穿绕滑轮组，制作起重用吊索索具、绳索受弯曲时采用。

（3）6×61 规格的钢丝绳用于绑扎各类物件，绳索刚度较低，易于弯曲，用于受力不大的地方。

3. 钢丝绳的维护保养

（1）对日常使用的钢丝绳每天都应进行检查，包括对端部的固定连接、平衡滑轮处以及钢丝绳荷载部位的检查，并确认钢丝绳的安全性。

（2）钢丝绳应保持良好的润滑状态，所用的润滑剂应符合该绳的使用要求，并且不影响外观检查，润滑时应注意避免将润滑剂漏到平衡滑轮处的钢丝绳上。

（3）使用中钢丝绳每月至少要润滑一次，润滑剂不宜采用润滑脂，最好使用钢丝绳专用油，也可用中等浓度的机油或齿轮油。

（4）润滑钢丝绳时，应使用钢丝刷将钢丝绳上的污物除去，并采用煤油清洗后进行润滑。

（5）钢丝绳润滑的方法有刷涂法和浸涂法。刷涂法就是人工使用专用的刷子，把加热的润滑脂涂刷在钢丝绳的表面上。浸涂法就是将润滑脂加热到 80℃ 以上，然后使钢丝绳通过一组导辊装置被张紧，同时使之缓慢地从熔融润滑脂的容器中通过。

4. 钢丝绳的检查

由于起重钢丝绳在使用过程中经常受到拉伸、弯曲的影响，且次数超过一定数值后，会使钢丝绳出现金属疲劳现象，为了保证钢丝绳使用期间的安全可靠性，必须按规定定期进行安全性能检查，及早发现问题，及时保养或更换报废，钢丝绳的检查包括外部检查与内部检查两部分。

（1）钢丝绳外部检查

1）直径检查。直径是钢丝绳极其重要的参数。通过对直径的测量，可以反映出该钢丝绳直径的变化速度，钢丝绳是否受到过较大的冲击荷载，捻制时股绳张力是否均匀一致，绳芯对股绳是否保持了足够的支撑能力。钢丝绳直径应用带有宽钳口的游标卡尺测量。其钳口的宽度要足以跨越两个相邻的股。

2）磨损检查。钢丝绳在使用过程中产生磨损现象不可避免。通过对钢丝绳的磨损检查，可以反映出钢丝绳与匹配轮槽的接触状况，在无法随时进行性能实验的情况下，可根据钢丝绳磨损程度的大小推测钢丝绳实际承载能力。钢丝绳的磨损情况检查主要靠目测。

3）断丝检查。钢丝绳在投入使用后，肯定会出现断丝现象，尤其是到了使用后期，断丝的发展速度会加快。由于钢丝绳在使用过程中不可能一旦出现断丝现象便立即停止运行，因此，通过断丝检查，尤其是对一个捻距内断丝情况的检查，不仅可以推测钢丝绳继续承载的能力，而且根据断丝根数的发展速度，可以间接预测钢丝绳的使用寿命。钢丝绳的断丝情况检查主要靠目测计数。

4）润滑检查。通常情况下，新出厂的钢丝绳大部分在生产时已经进行了润滑处理，但在使用过程中，润滑油脂会流失减少。鉴于润滑不仅能够对钢丝绳在运输和存储期间起到防腐保护作用，而且能够减少钢丝绳使用过程中钢丝之间、股绳之间和钢丝绳与匹配轮槽之间的摩擦，对延长钢丝绳使用寿命十分有益，因此，为把腐蚀、摩擦对钢丝绳的危害降低到最低程度，进行润滑检查十分必要。钢丝绳的润滑情况检查主要靠目测。

（2）钢丝绳内部检查

1）由于内部损坏隐蔽性大，钢丝绳锈蚀和疲劳引起断丝的现象又十分危险，因此，必须对钢丝绳内部情况进行检查。

2）钢丝绳内部检查如图 5—9 所示，检查时将两个尺寸合适的夹钳相隔 100 ~ 200 mm 夹在钢丝绳上反方向转动，股绳便会脱开。操作时，必须十分仔细，以避免股绳被过度移位造成永久变形（导致钢丝绳结构破坏）。

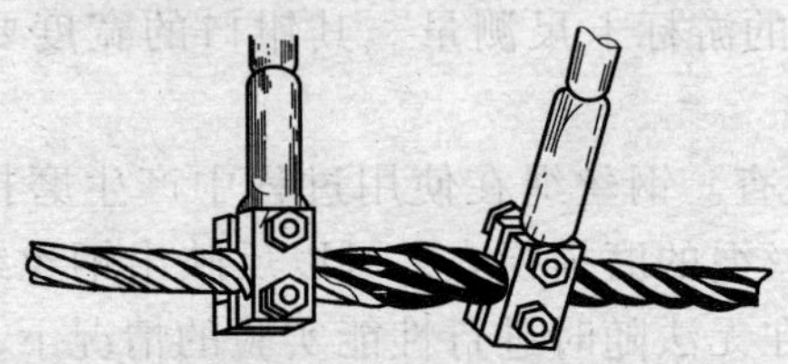

图 5—9 钢丝绳内部检查（张力为零）

3）靠近绳端装置的内部检查如图 5—10 所示。小缝隙出现后，用旋具之类的探针拨动股绳并把妨碍视线的油脂或其他异物拨开，对内部润滑、钢丝锈蚀、钢丝及钢丝间相互运动产生的磨痕等情况进行仔细检查。

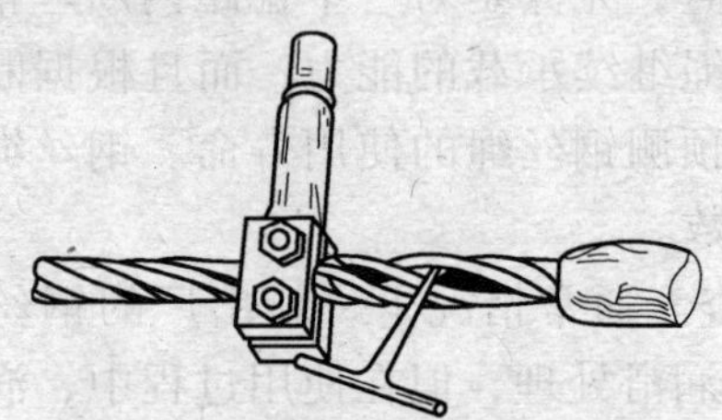

图 5—10 靠近绳端装置的内部检查

六、钢丝绳的报废

根据《起重机　钢丝绳保养、维护、安装、检验和报废》（GB/T 5972—2009）的规定，钢丝绳报废标准有 20 种类，钢丝绳出现下列缺陷应予以报废，如图 5—11 所示。

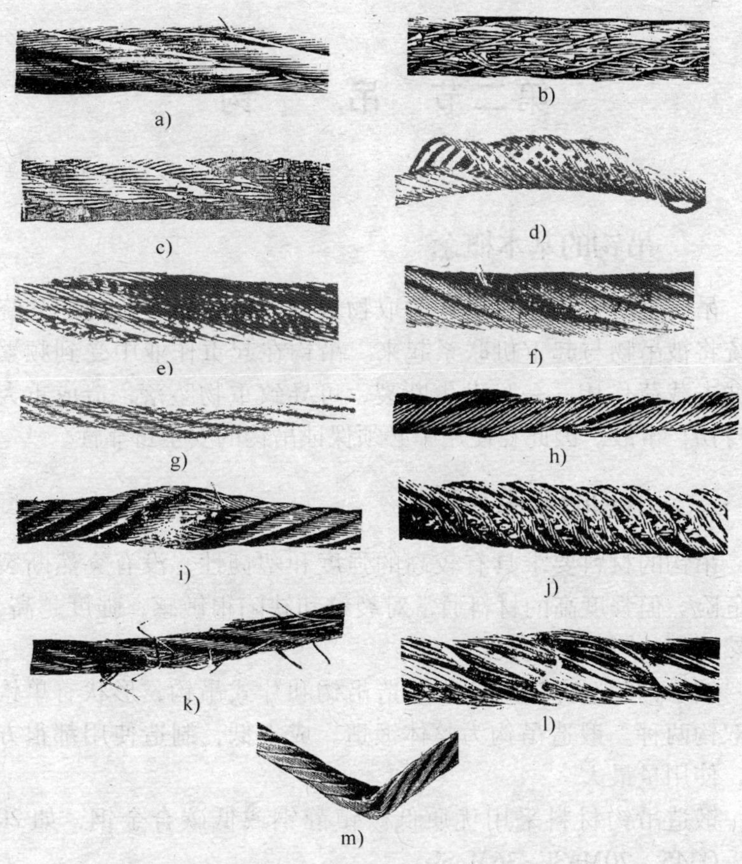

图 5—11 钢丝绳缺陷状态及报废

a）交互捻钢丝绳两相邻绳股中的断丝及钢丝位移 b）交互捻钢丝绳大量断丝伴随着严重的磨损 c）靠近平衡滑轮的局部绳段，在两支绳股上有断丝，同时出现因滑轮卡住而引起的局部严重磨损 d）多股绳的笼状（鸟笼形）畸变 e）顺捻钢丝绳直径的局部增大 f）钢丝绳直径的局部增大 g）钢丝绳在安装时已遭到扭结但仍装上使用，以致产生局部磨损及钢丝松弛 h）绳径局部减小 i）部分被压扁 j）多股绳的部分被压扁 k）钢丝绳的变形并局部磨损加之许多断丝 l）外层钢丝绳严重断丝，磨损严重，钢丝绳松弛，笼状畸变正在形成 m）钢丝绳严重弯折

第二节　吊　　钩

一、吊钩的基本概念

吊钩是塔式起重机重要的取物装置，通过起升机构的卷绕系统将被吊物与起重机联系起来。吊钩在起重作业中受到频繁的冲击载荷作用，一旦发生断裂，可导致重物坠落，造成重大人身伤亡事故。因此在使用中必须保证吊钩的安全可靠性。

二、吊钩的分类与材料

吊钩的材料要求具有较高的强度和塑韧性，没有突然断裂的危险。但强度高的材料通常对裂纹和缺陷很敏感，强度越高，突然断裂的可能性越大。

按吊钩制造方法可分为锻造吊钩和片式吊钩，形状有单钩和双钩两种。锻造吊钩为整体锻造，成本低，制造使用都很方便，使用量最大。

锻造吊钩材料采用优质低碳镇静钢或低碳合金钢，如20钢、Q345、20MnSi、36MnSi。

片式吊钩是用多层钢板叠片铆接而成，厚度不大于20 mm。因为吊钩板片不可能同时断裂，有更大的安全性，个别板片损坏可以更换，一般用于大吨位或强烈灼热场所。

三、吊钩的危险断面

吊钩的危险断面有三个，如图5—12所示，即水平断面*A*—*A*，垂直断面*B*—*B*，钩柄螺纹根部断面*C*—*C*。按曲梁理论对吊钩的受载状况进行受力分析，水平断面*A*—*A*受到的弯曲和拉伸

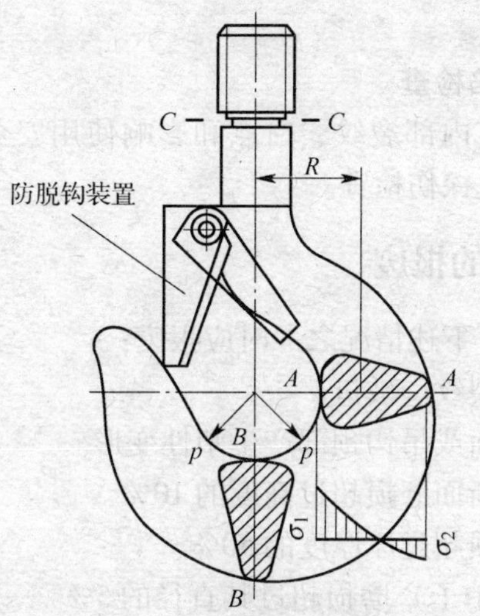

图 5—12　吊钩的危险断面

组合应力最大。垂直断面 *B—B* 虽然受力不是最大，却是吊钩磨损严重的部位，随着断面面积减小，承载能力下降。钩柄螺纹根部断面 *C—C* 应力集中，容易受到腐蚀，在缺陷处断裂。这三处危险断面是安全检查的重点。

四、吊钩的安全检查

包括安装使用前的检查和在用吊钩的检查。

1. 安装前检查

吊钩应有制造厂的检验合格证明。在吊钩低应力区有额定起重量和检验合格的打印标记。否则，要对吊钩进行材料化学成分检验和必要的力学性能实验（拉伸实验、冲击实验），测量吊钩的原始开口度尺寸。吊钩标记的额定起重量要与起重机的额定起重量一致。

2. 表面检查

通过目测、触摸来检查吊钩的表面状况。吊钩表面应该光洁、无毛刺，不得有裂纹、折叠、超磨损等缺陷，防脱钩装置应可靠。

3. 内部缺陷检查

吊钩不得有内部裂纹、白点和影响使用安全的任何夹杂物等缺陷，要通过探伤检查。

五、吊钩的报废

吊钩出现了下述情况之一时应报废：

1. 表面有裂纹、破口。
2. 危险断面或吊钩颈部产生塑性变形。
3. 挂绳处断面磨损超过高度的 10%。
4. 衬套磨损超过原厚度的 50%。
5. 心轴（销子）磨损超过其直径的 5%。
6. 开口度比原尺寸增加 15%。
7. 扭转变形超过 10°。
8. 吊钩上的缺陷经过焊补。

第三节　滑轮及滑轮组

一、滑轮和滑轮组的基本概念

滑轮和滑轮组是塔式起重机取物装置的系统组成机构。滑轮一般由吊钩、链环、滑轮、轴、轴套和夹板等组成。定滑轮和动滑轮的组合又可称为滑轮组。根据滑轮的数量，吊钩滑轮组可分为单滑轮组和多滑轮组。

二、多滑轮组的运行特点

1. 便于增大倍率，降低起升钢丝绳的内力，可换用直径较小的钢丝绳。

2. 通过增大倍率，可在不加大起升电动机功率的条件下提高起重量。

3. 通过变换倍率，可得到多种起升速度，有助于提高塔式起重机的生产效率。

4. 通过采用双小车变换倍率系统，有利于改变臂架负荷条件，提高臂架承载能力。

5. 通过增大并列滑轮之间的间距，有助于消减钢丝绳扭转现象。

倍率是指钢丝绳的绕法，分为 2 倍率和 4 倍率，2 倍率起重量小但速度快，4 倍率起重量大但速度慢，与 2 倍率相比多了一个动滑轮。

三、滑轮和滑轮组的种类

1. 滑轮按用途一般分为定滑轮、动滑轮、滑轮组、导向滑轮、平衡滑轮组等，如图 5—13 所示。

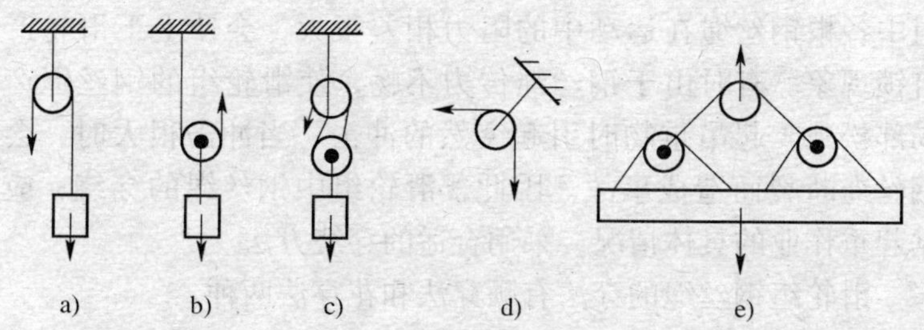

图 5—13　滑轮的分类

a）定滑轮　b）动滑轮　c）滑轮组　d）导向滑轮　e）平衡滑轮组

2. 按滑轮的数量不同，可分为单门（一个滑轮）、双门（两个滑轮）和多门等几种。

3. 按连接件的结构型式不同，可分为吊钩型、链环型、吊环型、吊梁型 4 种。

4. 按滑轮使用方式不同，又可分为定滑轮和动滑轮两种。

5. 按滑轮的夹板形式不同，可分为开口滑轮和闭口滑轮两种，开口滑轮的夹板可以打开，便于装入绳索，一般都是单门，常用在拔杆脚等处起导向作用。

四、滑轮和滑轮组的作用

在滑轮组中有动滑轮和定滑轮之分，定滑轮起保持重物的平衡、支持承重钢丝绳的升降和改变绳索拉力方向的作用，不起省力作用。动滑轮起省力和承重作用，它在使用中是随着重物移动而移动，能省力，但不能改变力的方向。导向滑轮根据起重作业需要，能改变钢丝绳受力方向或改变被牵引物的运动方向。

五、滑轮及滑轮组的穿法

滑轮及滑轮组钢丝绳的穿绕是一项既重要又复杂的工作，钢丝绳穿绕的质量对于塔式起重机的起重作业能否顺利进行具有直接影响。特别是当滑轮组门数较多时，若穿绕不当，滑轮组中各根钢丝绳在运动中的阻力相差很大，会使上下滑轮产生自锁现象。有时由于钢丝绳传力不畅，使滑轮组的钢丝绳产生局部松弛，起吊重物时引起突然的冲击。当冲击很大时，会使钢丝绳断裂而造成事故。因此，滑轮组中钢丝绳的穿绕，应根据起重作业的具体情况，采用合适的穿绕方法。

滑轮组钢丝绳的穿法有顺穿法和花穿法两种。

1. 顺穿法

也称为普通穿法，是一种比较简单的穿绕方法。根据现场拥有的卷扬机台数，可以采用单跑头顺穿法和双跑头顺穿法。

（1）单跑头顺穿法

该穿法是将钢丝绳的一个头从边上第一个定滑轮开始，按顺序逐个绕过定滑轮和动滑轮，绕弯后的绳头固定在末端定滑轮的架子上。穿绕后的情况如图 5—14 所示。

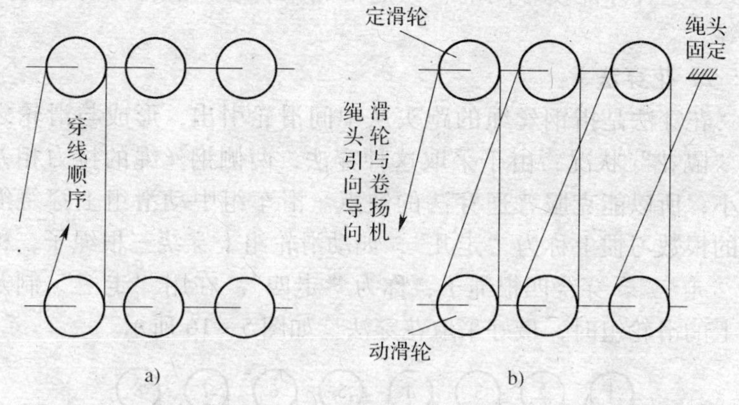

图 5—14　单跑头顺穿法

（2）双跑头顺穿法

双跑头顺穿法是指滑轮组同时有两根跑绳，同时使用两台卷扬机进行工作。双跑头顺穿法的优点是，滑轮的两边同时受力，工作时不会像单跑头顺穿法那样由于阻力而使滑轮歪斜。采用双跑头顺穿法时，使用的定滑轮的门数一般为奇数，它比动滑轮的门数多一门，在进行穿绕时是从定滑轮中间的一个滑轮开始，两个绳头同时从中间向两边按顺序穿绕，如图 5—15 所示。采用此种方法，要求所使用的两台卷扬机的卷扬速度要

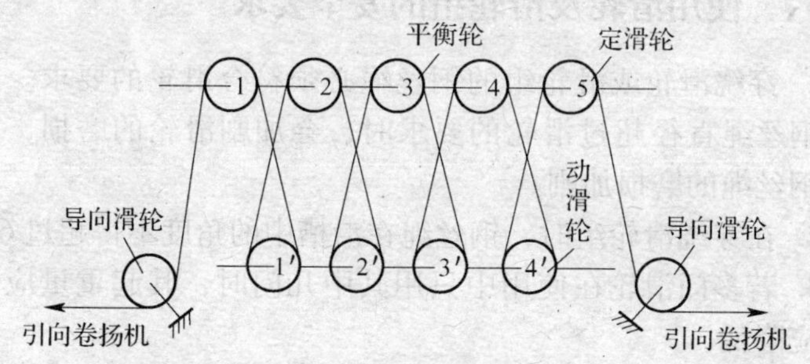

图 5—15　双跑头顺穿法

一致，这样才能使中间的一只定滑轮不转动，滑轮的两边受力相等。

2. 花穿法

花穿法是指钢丝绳的跑头从中间滑轮引出，形成与滑轮之间“隔花”状况，由于采取这种穿法，两侧钢丝绳的拉力相差较小，所以能克服普通穿法的缺点。滑车组中动滑组上穿绕绳子的根数习惯上称为“走几”，如动滑轮组上穿绕三根绳子，称为“走三”，穿绕四根绳子，称为“走四”。在用“走三”制及以上的滑轮组时，最好采取花穿法。如图5—16所示。

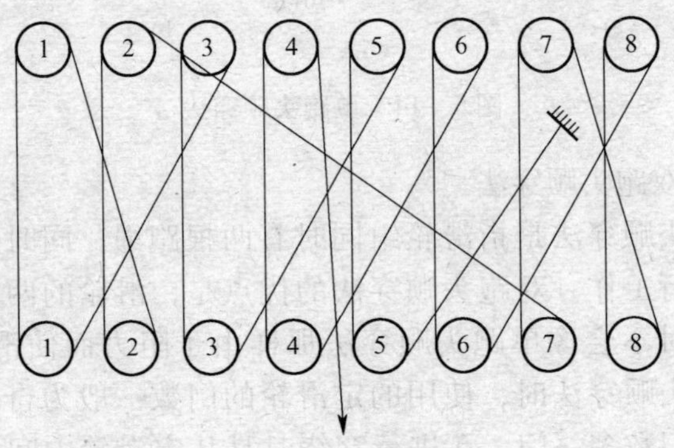

图5—16　花穿法

六、使用滑轮及滑轮组的安全要求

1. 穿绕滑轮或滑轮组的钢丝绳必须符合滑轮的要求。当选用的钢丝绳直径超过滑轮的要求时，会加剧滑轮的磨损，同时也使钢丝绳的磨损加剧。

2. 在穿绕滑轮组时，钢丝绳在滑槽中的角度不得超过6°。

3. 若多门滑轮在使用中只用其中几门时，其起重量应经折减相应降低。

4. 滑轮组绳索穿好后，要慢慢地加力，绳索收紧后应检查各部分是否良好，并详细检查各部分有无卡绳现象。

5. 滑轮在拉紧后，滑轮组两车轮的中心应保持一定的距离。

6. 滑轮不得超载使用。当滑轮有裂纹或缺陷时，不得投入使用。

7. 滑轮使用前应查明标示的允许荷载，检查滑轮的轮槽、轮轴、夹板、吊钩等有无裂缝和损伤，滑轮转动是否灵活。

8. 在使用滑轮前、后应将滑轮上的脏物洗干净，轮轴要加油润滑，放在干燥的地方，防止磨损和锈蚀。

七、滑轮的报废

滑轮出现下列情况之一的应予以报废：

1. 裂纹或轮缘破损。

2. 滑轮绳槽壁厚磨损量达原壁厚的20%。

3. 滑轮底槽的磨损量超过相应钢丝绳直径的25%。

第四节 钢丝绳卷筒

钢丝绳卷筒是用来卷绕钢丝绳的，塔式起重机的起升机构、变幅机构是依靠电动机带动卷筒旋转，卷绕钢丝绳来实现吊钩上下和变幅小车的向前、向后运行。

一、钢丝绳卷筒的种类及结构

1. 卷筒机构

卷筒机构（也称卷扬机构）是由电动机、卷扬机、筒体、连接盘、轴、限位开关以及轴承支架等构成的。

2. 卷筒的种类

（1）按筒体形状，可分为长轴卷筒和短轴卷筒。

（2）按制造方式，可分为铸造卷筒和焊接卷筒。

（3）按卷筒的筒体表面是否有绳槽，可分为光面卷筒和螺旋槽面卷筒。

（4）按钢丝绳在卷筒上卷绕的层数，可分为单层缠绕卷筒和多层缠绕卷筒。

二、使用钢丝绳卷筒的安全要求

1. 卷筒表面应光滑以防止钢丝绳的不正常磨损。

2. 两侧边缘超过最外层钢丝绳的高度不应小于钢丝绳直径的 2 倍。

3. 钢丝绳在卷筒上固定应安全可靠，钢丝绳端部的固接强度不应小于钢丝绳破断拉力的 85%。

4. 卷筒上钢丝绳尾端的固定装置应有防松或自紧的性能，对钢丝绳尾端的固定装置，应每月检查一次。

5. 在塔式起重机工作时，承载钢丝绳的实际直径不应小于 16 mm。

6. 钢丝绳在放出最大工作长度后，卷筒上的钢丝绳至少应保留 3 圈。

7. 滑轮应有防止钢丝绳跳出轮槽的装置。

8. 卷筒出现下述情况之一时应报废：

（1）裂纹或破损。

（2）卷筒壁磨损量达原壁厚的 10%。

（3）其他损害钢丝绳的缺陷。

第二部分
实践知识

第六章

塔式起重机安装技术

塔式起重机的安装是决定塔式起重机安全运行的前置性工作，安装质量决定塔式起重机使用的安全可靠性，安装过程稍有不慎，极易造成恶性事故，因此，必须高度重视塔式起重机安装这一高度危险的工作。塔式起重机安装分为施工准备、安装、检验三个阶段。

第一节　塔式起重机安装准备

随着塔式起重机起升高度的不断攀升，塔式起重机安装的难度也随之加大，只有做好安装的准备工作，才能保证塔式起重机安装的安全。

塔式起重机安装的准备阶段分为：安装前准备⟶塔式起重机基础施工及验证⟶工机具准备⟶安装前检查与确认。

一、安装前准备

1. 由塔式起重机安装单位编制《塔式起重机安装专项施工方案》和《塔式起重机安装应急处置预案》，该方案应按照住房和城乡建设部《危险性较大的分部分项工程安全管理办法》（建质［2009］87 号）的相关要求进行编制、审核、批准。

2. 由塔式起重机安装单位负责向地方行政主管部门履行塔式起重机安装告知手续。

3. 安装单位技术负责人应对塔式起重机安装作业人员进行安装专项施工方案交底，安全监管人员应对安装人员进行危险源告知及紧急避险保护交底。

4. 安装单位应明确安装负责人和现场安全、质量负责人，并明确其管理职责，明确安装指挥人员和指挥职责。

5. 安全监管人员负责对安装人员使用的安全防护用品，如安全带、安全帽等进行全面检查，不合格的立即更换。

6. 安全监管人员负责组织对使用的各种辅助施工机械、起重工具、施工材料的配备及安全性进行检查，不合格的立即更换。

7. 安全监管人员负责对进场使用的起重机械进行合法性和合规性验证（包括司机和汽车吊证件的有效性、汽车吊性能与安全装置的可靠性），保证安装作业过程安全。

8. 塔式起重机使用单位应对施工现场的道路进行铺设与平整，并清除障碍物等，满足安装作业条件，如汽车吊站位地基符合承载要求，周围环境无障碍物，安装臂杆与高压线等公共场所保持足够的安全距离等；设置安全警戒绳和危险源告知牌，指定专人负责。

9. 安装人员负责对需安装的螺栓及销轴进行浸油除锈处理（埋在地下部分要清除泥土）。

10. 由塔式起重机使用单位与塔式起重机安装技术负责人按基础制作的技术要求共同对塔式起重机混凝土基础进行验收，其基础（四角）平整度应控制在1/1 000以内。

二、工机具准备

塔式起重机安装应配备必要的起重设备和安装工机具。

1. 起重设备

汽车吊，手拉葫芦，千斤顶等。

2. 起重工具

各种起重钢丝绳，白棕绳，卸扣，绳卡，枕木等。

3. 安装工具

活动扳手，梅花扳手与呆扳手，扭力扳手，撬棍，锤子等。

4. 调试仪器

经纬仪，水平仪，万用表等。

5. 辅助器具

电工工具，劳动防护用品，警戒设施等。

三、安装前检查与确认

由塔式起重机使用单位组织，塔式起重机安装技术负责人和监理单位等有关人员参加，对塔式起重机进行检查，发现缺陷应进行维修，确认其符合安全要求后方准进行安装，安装前检查确认表见表6—1。

表6—1　　塔式起重机安装前检查确认表

工程名称		工程地址	
设备编号		塔机型号	
生产厂家		安装高度	

序号	项目	要　求	检查记录
1	基础、路基	基础隐蔽工程验收资料齐全、有效	
2	金属结构	钢结构齐全，无变形、开焊、裂纹现象，结构表面无严重锈蚀，油漆无大面积脱落	
3	传动机构	减速机、卷扬机、制动器、回转机构部件齐全，工作正常	
4	钢丝绳	完好、无断股，断丝不超过规范要求	
5	吊钩	无裂纹、变形、严重磨损，钩身无补焊、钻孔现象	

续表

序号	项目	要求	检查记录
6	钢丝绳绳卡	绳卡、楔块固结正确	
7	滑轮	外形完好无裂纹、破损，轮槽是否有不均匀磨损；转动灵活，尺寸符合要求；防脱绳装置符合要求	
8	液压系统	油缸及泵站有无渗漏，油箱油量、油质符合要求，各阀门、油管、接头完好，油路无泄漏、阻塞现象	
9	电气系统	配电箱、电缆无破损，控制开关等电气元件无损坏、丢失	
10	安全装置	齐全、可靠、有效、完好	
11	连接紧固件	连接紧固件规格正确、数量齐全，没有锈蚀和损坏	
12	润滑	变速箱润滑油的油量、油质符合要求；各润滑点油嘴、油杯齐全、完好，润滑到位	

自检结论：

自检人员：　　　　　　　　　　单位或项目技术负责人：

年　　月　　日

第二节　塔式起重机安装技术

塔式起重机安装技术是塔式起重机安装的核心要素，塔式起重机安装技术涉及的关键性施工过程，一般有以下十个步骤：

安装底架和基础节──→安装标准节──→安装顶升套架──→安装回转支撑总成──→安装塔帽──→安装平衡臂及拉杆──→安装起重臂及拉杆──→连接电气装置和穿绕钢丝绳──→配装剩余平衡重──→顶升加节。

本节以 TC7035B—16 塔式起重机为实例加以说明。

一、安装底架和基础节

1. 将固定底架（有框架式和独立式两种）置于混凝土基础上，用压板和螺母将固定底架固定于基础上，拧紧螺母后用水准仪检测四个支点的平整度，其偏差应小于 1.5 mm，否则要采用钢板在基础与底架间找平，要求连接牢固，不能有松动，不得使用混凝土垫块和木板垫。调整完毕后拧紧螺母，每个地脚螺栓必须用双螺母安装紧固。独立式固定底架安装及基础节安装如图 6—1 所示。

图 6—1 独立式固定底架安装及基础节安装

2．安装基础节（黑色或黄色）时，将基础节安装在底架上（注意基础节上踏步的一面要与基建物垂直），采用 10.9 级高强度螺栓和高强度螺母与底架连接并拧紧，并用水准仪校正、找正基础节四方的垂直度。

3．所有高强度螺栓分两次拧紧，采用 10.9 级 M27 高强度螺栓，预紧力矩一般为1 300 N · m，每根高强度螺栓均应拧入两个垫圈和两个螺母，并拧紧防止松动。

二、安装标准节

1．安装第一标准节时，将第一标准节吊起安装在基础节上，采用 8 根 10.9 级 M27 的高强度螺栓连接，标准节上踏步的一面要与基础节对准。高位塔式起重机一般在基础之上、标准节之下安装一节或两节加强节，以提高塔身强度。

2．所有高强度螺栓分两次拧紧，10.9 级 M27 高强度螺栓预紧力矩为1 300 N · m，每根高强度螺栓均应拧入两个垫圈和两个螺母，并拧紧防止松动。

3．使用经纬仪从两个方向检查其垂直度，主弦杆四处侧面的垂直度误差应不大于 1.5‰。塔式起重机的基础节和标准节的安装如图 6—2 所示。

三、安装顶升套架

1．先将套架在地面拼装成整体，将顶升架吊起套在塔身节外面，爬升架上的活动爬爪放在标准节的第一节（从下往上数）下部的踏步上。

2．将顶升油缸安装在套架后侧的横梁上（即预装平衡臂的一侧），液压泵安置在液压缸一侧的平台上，接好油管，检查液压系统的运转情况。

3．将套架上的换步顶杆（也称爬爪）放在由下向上数第四对踏步上，将套架内侧 16 个顶升导轮安装就位。套架的横梁与

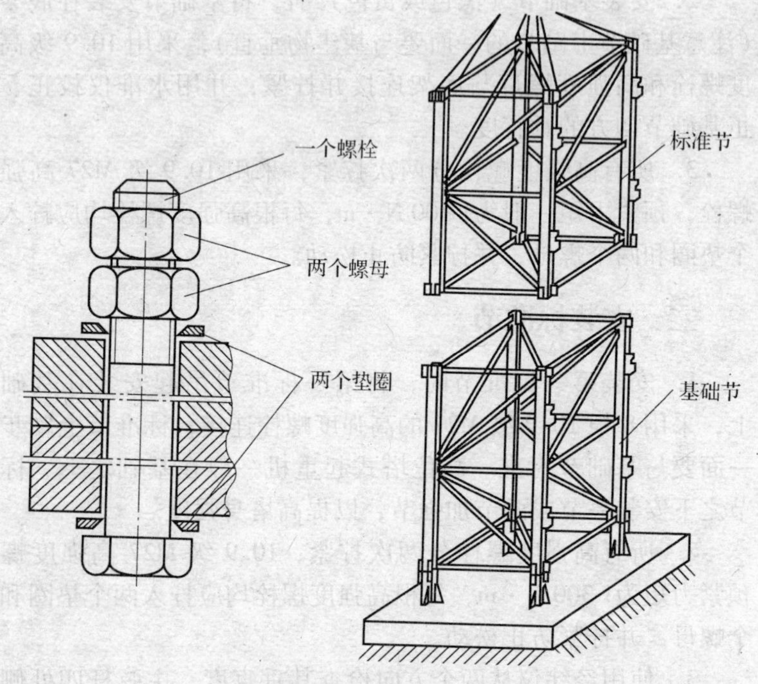

图 6—2　塔式起重机的基础节和标准节的安装

踏步的安装如图 6—3 所示。

4．安装时顶升油缸的位置必须与塔身踏步同侧，顶升套架及顶升油缸的安装如图 6—4 所示。顶升套架尺寸仅作参考，具体因塔式起重机型号而异。

四、安装回转支撑总成

1．将下支座、回转支撑、上支座用 80 根 8. 8 级高强度螺栓连为整体，并用双螺母拧紧防松。

2．将吊具挂在上支座四个连接套的下方，将回转支撑总成吊起。

3．下支座的八个连接套对准标准节四根主弦杆的八个连接

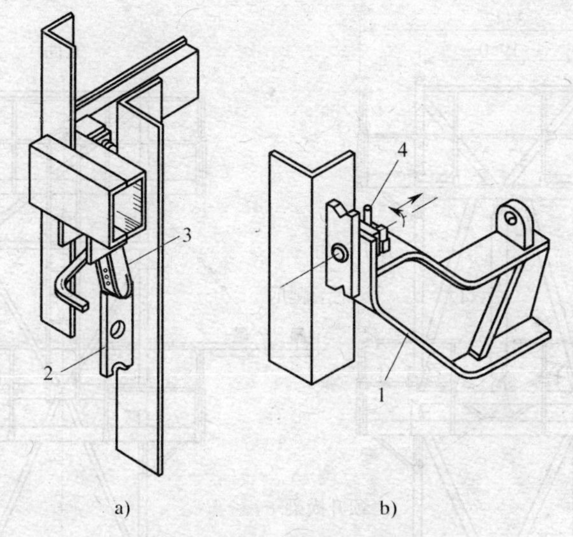

图 6—3　套架的横梁与踏步的安装

a）顶升套架与踏步　b）顶升套架横梁与踏步

1—横梁　2—踏步　3—爬爪　4—连接销轴

套缓慢落下，将回转支撑总成放在塔身顶部。下支座正中的斜撑杆方向与塔身标准节装爬梯斜撑杆方向一致，保证人员通行方便；下支座与套架连接时，应对好四角的标记，短引进板方向对着标准节引进方向。

4．操作顶升系统，将液压油缸伸长至第二节标准节的下踏步上，将爬升架顶升至与下支座连接耳板接触，采用 16 根高强度螺栓将套架与下支座连接牢固，每根螺栓用双螺母拧紧防松。

5．缩回液压油缸，采用 8 根 10. 9 级高强度螺栓将下支座与标准节连接牢固，每根螺栓用双螺母拧紧防松。

6．司机室也可与回转支撑总成组装在一起，作为整体一次性吊装，要求起重臂与平衡臂轴线方向平行于驾驶室且吊臂在驾驶室前方视野。回转支撑总成的安装如图 6—5 所示。

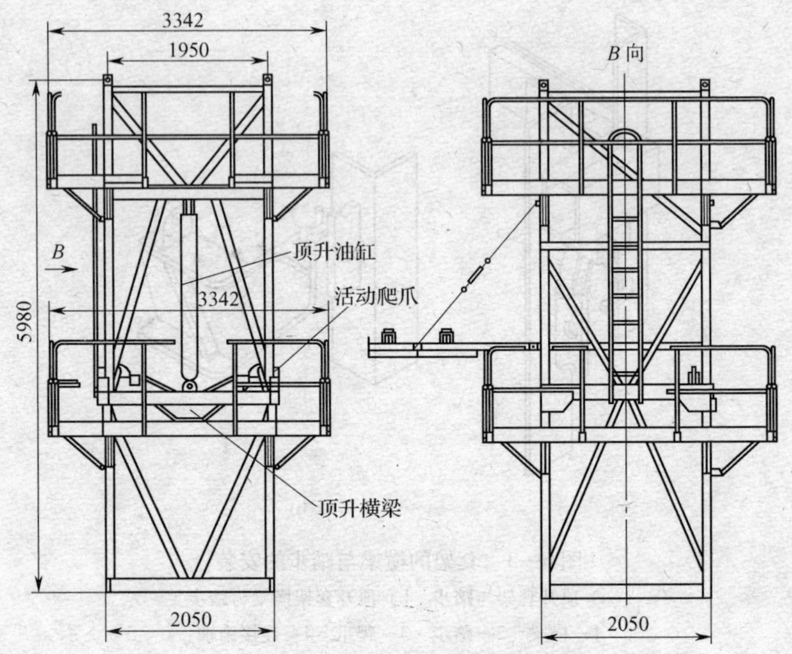

图 6—4　顶升套架及顶升油缸的安装

五、安装塔帽

1. 将塔帽部分平台、滑轮、扶梯、过渡拉板及力矩限制器组装好，将塔帽吊装到回转机构上，保持与回转机构方向相对应，用特制的螺栓将塔帽与回转塔身连接并紧固好双螺母，如图 6—6 所示。

2. 在塔帽顶部后侧左右两边各装一根平衡臂拉杆，将塔顶吊到回转塔身上，注意将塔顶垂直的一侧对准上支座的起重臂方向。用 4 根 $\phi70$ mm 的销轴连接塔顶与回转塔身，穿好并充分张开开口销。

3. 塔帽安装过程中应注意顶部前后臂拉杆的销轴连接的开口销防脱措施以及力矩限制器的正确安装，不得使用铁丝替代

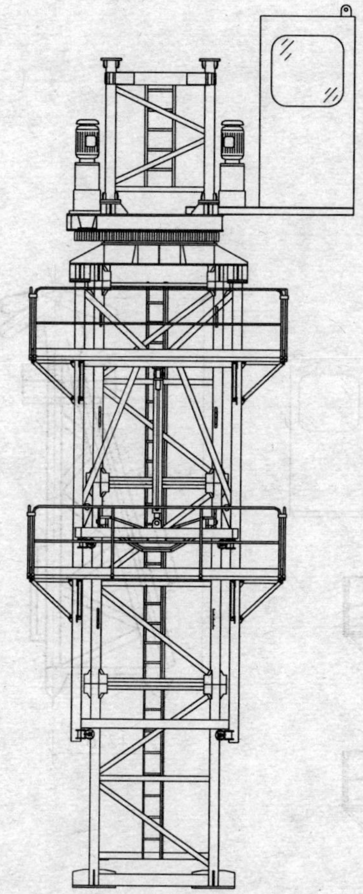

图 6—5　回转支撑总成的安装

开口销。

六、安装平衡臂及拉杆

1. 在地面拼装好平衡臂及左、右各两节拉杆，并将卷扬机、配电箱等安装在平衡臂上。平衡臂拉杆的组装如图 6—7 所示。

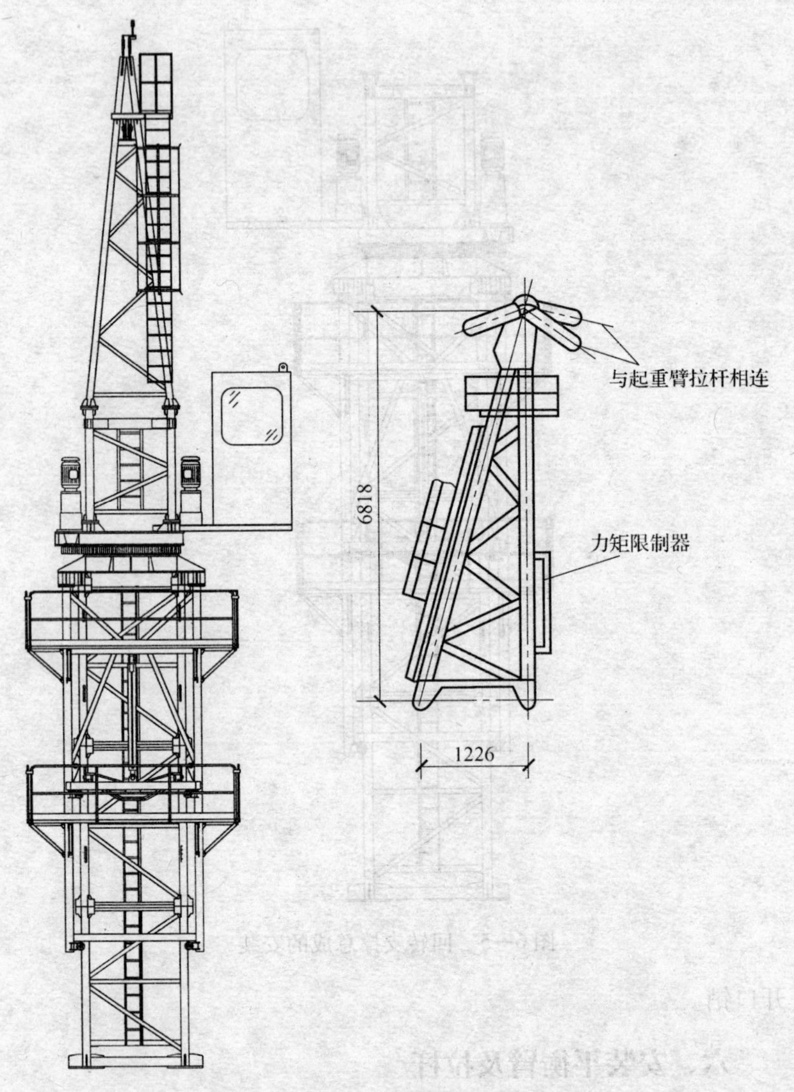

图 6—6　塔帽的安装

2．将平衡臂吊起，安装在回转机构的对应接头上，用销轴将平衡臂与回转塔身连接并固定完毕。安装平衡臂如图 6—8

所示。

3．将平衡臂逐渐抬高至平衡臂拉杆与塔顶处平衡臂拉杆相连，用销轴铰接，穿好并充分张开开口销。缓慢地将平衡臂放下，此时将吊车卸载。

4．按塔式起重机使用说明书的规定，在平衡臂尾部安装第一块平衡重，如图 6—9 所示。

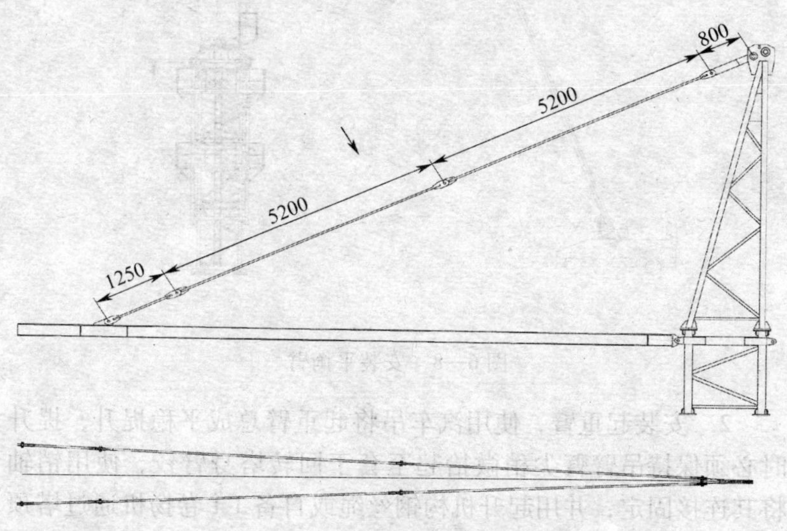

图 6—7　平衡臂拉杆的组装

七、安装起重臂及拉杆

1．在地面上将起重臂组装为一体，再将起重臂拉杆组装在起重臂上弦杆的支架上，用销轴将其连接起来，在销轴外侧安装开口销。开口销的正确安装方法如图 6—10c、d 所示。组装时，计算起重臂的重心应包括长短拉杆，且载重的小车应在最根部。组装好的起重臂用支架在地面支撑好，且支架不应少于 4 个，如图 6—11 所示。

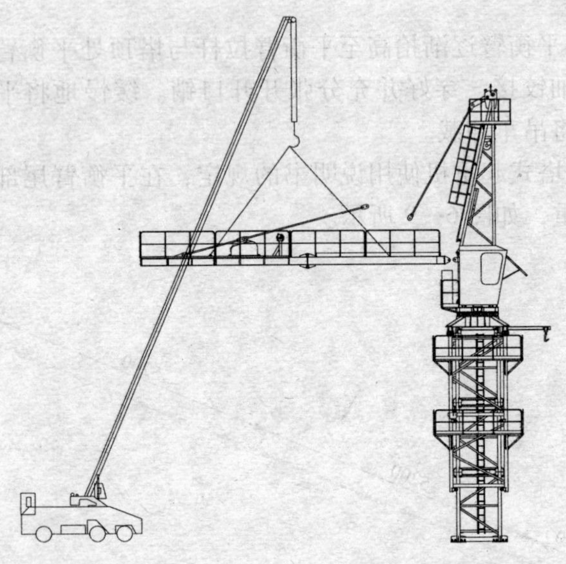

图 6—8　安装平衡臂

2. 安装起重臂，使用汽车吊将起重臂总成平稳提升，提升时必须保持吊臂臂尖稍微抬起至套于回转塔身臂铰，使用销轴将其连接固定，并用起升机构钢丝绳或自备 1 t 卷扬机通过塔顶的两个滑轮拉起拉杆使短拉杆的连接板能够用销轴连接到塔顶的相应拉板上。然后，再调整长拉杆的高度位置，使得长拉杆的连接板也能用销轴连接到塔顶的相应拉板上。如图 6—12 所示。

八、连接电气装置和穿绕钢丝绳

1. 穿绕钢丝绳

起升钢丝绳的穿绕，按使用目的可选择 2 倍率或 4 倍率，起升钢丝绳和牵引钢丝绳的穿绕见第三章相关内容。小车变幅式机构钢丝绳的穿绕见第三章图 3—22 所示。

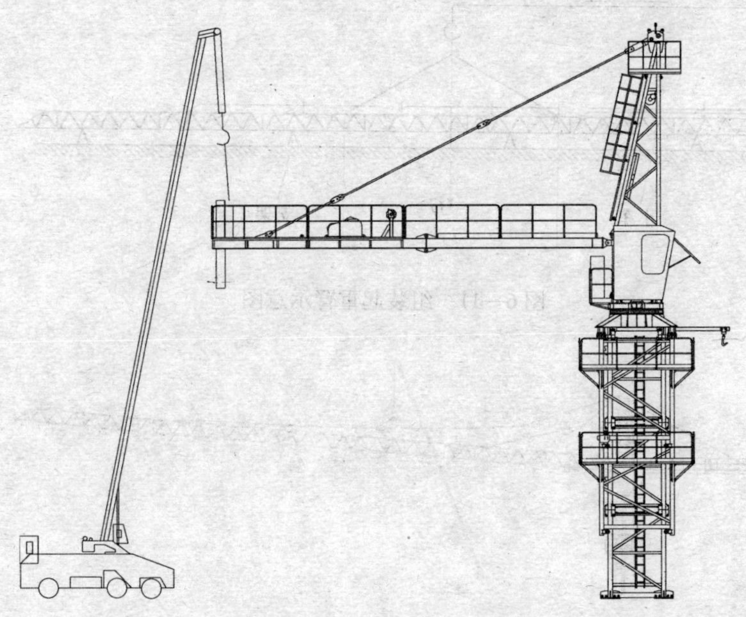

图 6—9　安装第一块平衡重

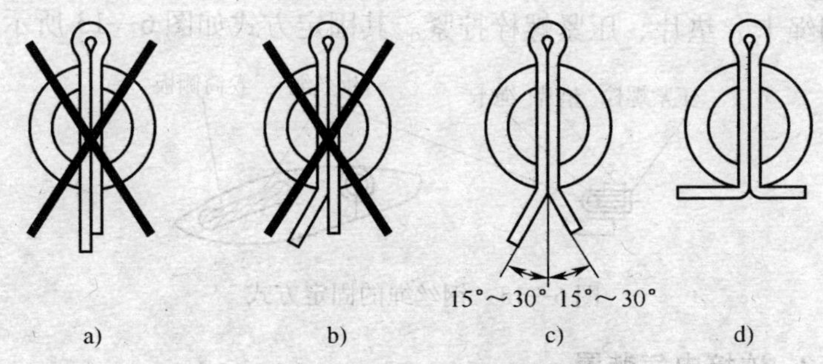

图 6—10　开口销的安装

a）b）错误　c）正确　d）有障碍物时正确

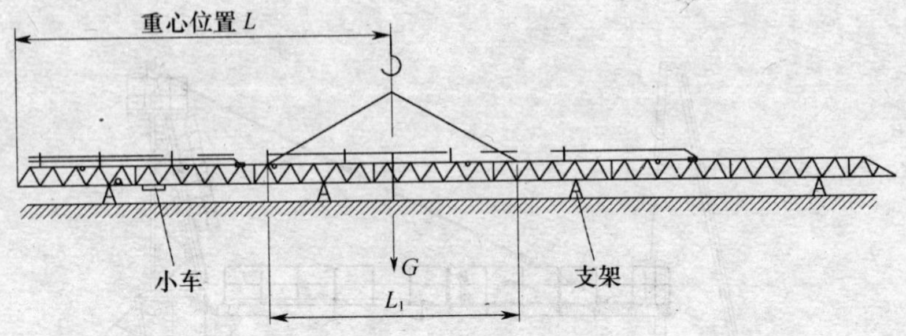

图 6—11　组装起重臂示意图

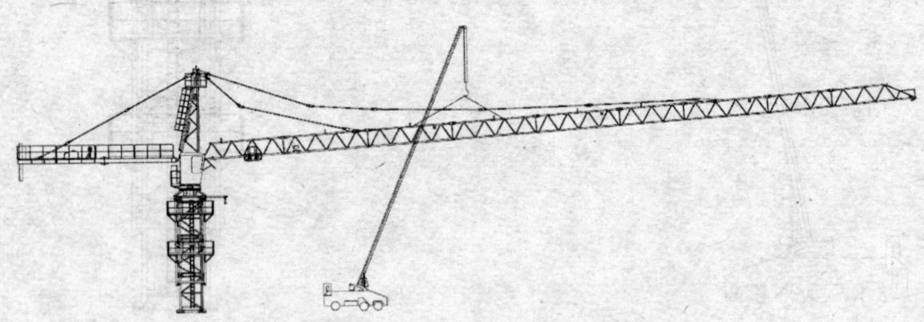

图 6—12　起重臂安装

2. 钢丝绳的固定

引出钢丝绳末端，将其固定在卷筒侧板的外侧，固定中应使用绳卡、垫片、压紧螺栓拧紧。其固定方式如图 6—13 所示。

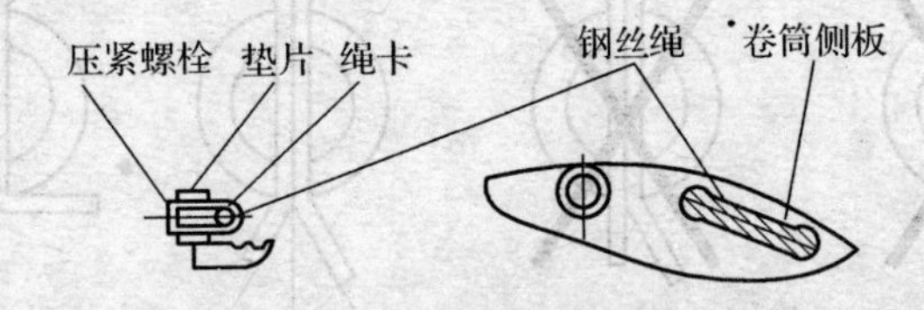

图 6—13　钢丝绳的固定方式

3. 连接电气装置

（1）起重机电源主电缆线必须符合使用说明书的规定，其截面面积不小于 10 mm^2。

（2）塔式起重机安装完毕后（塔式起重机处于安装高度时），参看原理图、外部接线图及控制接线图，连接控制与动力电缆、制动器电缆、安全装置、接地装置、障碍灯、探照灯、风速仪等的线路。

（3）送电之前对电气系统进行检查，符合要求后方可通电。

（4）所有线路的连接必须正确无误，该固定的电线电缆应有可靠的固定，防止塔式起重机在运行时损伤电缆。

（5）在通电之前应对电气装置进行绝缘检查，电路对地绝缘电阻不应小于0.5 MΩ，塔身对地的接地电阻应不大于4 Ω。

（6）主电缆在进入司机室前应穿入电缆保护圈后再进入司机室，并留适当长度，保证塔式起重机在左右旋转一圈半时不致损坏电缆，且保证爬升时不损伤电缆。

（7）将司机室所有操作机构放置在安全位置，主开关放在断电位置，最后连接好地面电源电缆。

4. 通电调试

（1）将地面电源（二级配电箱）开关合上，送电到司机室，检查三相电源应三相平衡，且电压应为380 V ±10%。

（2）起升机构调试时，当手柄向内拉，吊钩应向上运动，当手柄向外推，吊钩应向下运动，否则应调整起升电动机电源的相序。

（3）起升机构调试完毕后，分别操作回转和变幅手柄，回转手柄向内拉时，小车向内走，手柄向外推时，小车应向外走，否则应调整起升电动机电源的相序。

九、配装剩余平衡重

1. 平衡重的重量是随起重臂长度的改变而改变的，在安装一块平衡重的基础上继续将剩余的平衡重安装就位，应符合塔式起重机使用说明书的规定。

2. 安装后的平衡重应加以锁定，使用销轴挡板一定要紧靠平衡重外表，同时注意销轴必须超过平衡臂上的定位板。

十、顶升加节

1. 顶升前的准备

(1) 检查塔式起重机的所有连接是否符合规定，确认所有连接正确无误。

(2) 检查液压系统的油量和操作系统的灵敏度，确认其可靠无误。

(3) 检查顶升所需各部件是否完好并正常就位。如顶升套架与下支座销接正确，顶升横梁与液压油缸销接正确，引进梁安装正确，液压系统试运行正常。

(4) 清点待装标准节，将待装标准节放置在顶升位置排成一排，使塔式起重机在整个顶升加节过程中尽可能不动用回转机构，以缩短顶升加节时间。

(5) 检查主电缆长度，应保证有足够的使用长度。

(6) 将起重臂旋转至顶升套架的前方，平衡臂处于套架的后方（顶升油缸在套架后方）。

2. 顶升操作

(1) 吊起一个标准节挂在引进梁的小吊钩上。

(2) 使回转电磁制动器起作用以保证起重臂不再左右摆动。

(3) 卸下下转台与标准节之间的所有高强度螺栓。

(4) 将顶升横梁两端的轴头放入踏步的槽内，将防脱销轴旋入踏步的相应孔内。防脱销轴的安装如图 6—14 所示。开动液压系统使活塞杆伸出 20 ~ 30 mm，使下转台与标准节结合面刚刚分开。

(5) 吊钩从臂根部向外走，同时观察套架前后方向的四个导轮与塔身间的间隙基本均匀（约 2 mm）时变幅小车即停住（约 21 m 幅度处，司机应记准此平衡点位置）。

(6) 将爬升销轴抽出后操纵液压系统使活塞杆继续伸出，

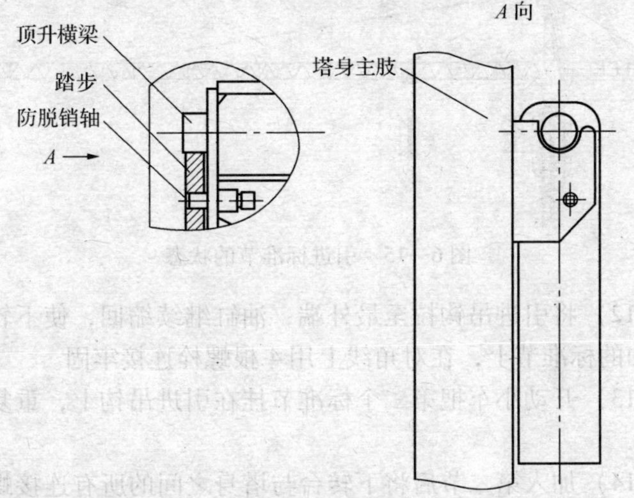

图 6—14　防脱销轴的安装示意图

将塔式起重机上部顶起。

(7) 顶升到所需高度时（爬升销轴能担在上面一个踏步上），将两个爬升销轴推进，支撑被顶升的塔式起重机上部。

(8) 旋出防脱销轴，操纵换向阀停止顶升而转为活塞杆收缩（此时必须确认爬升销轴可靠地放在踏步上以及防脱销轴已旋出），将顶升横梁两端的轴头放在上面一个踏步槽内，并将防脱销轴旋入踏步的相应孔内。

(9) 再次使油缸外伸（轴头离开踏步后马上将爬升销轴抽出），直到塔身上方恰好有能装入一个标准节的空间。

(10) 利用引进滚轮在外伸框架上的滚动，将标准节引至塔身的正上方并对准所有螺栓孔。引进标准节的状态如图 6—15 所示。

(11) 旋出防脱销轴（必须确认防脱销轴已旋出），缩回油缸至上下标准节连接面接触，用 8 根 M27 高强度螺栓（预紧力矩1 300 N · m）将两标准节连接牢固。

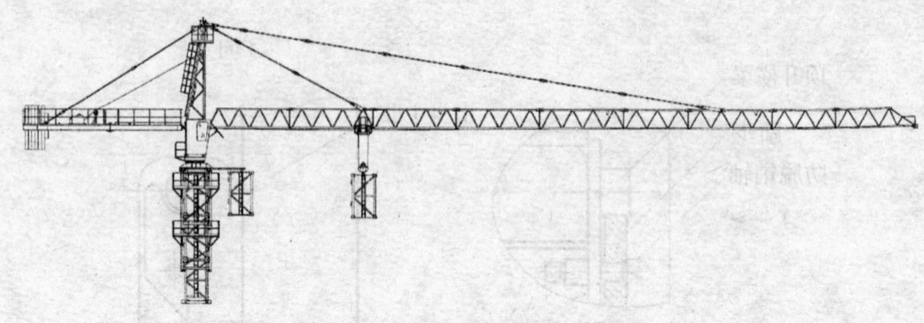

图 6—15　引进标准节的状态

（12）将引进吊钩拉至最外端，油缸继续缩回，使下转台落在新加的标准节上，在对角线上用 4 根螺栓连接牢固。

（13）开动小车把第二个标准节挂在引进吊钩上，重复以上过程。

（14）加入第二节后将下转台与塔身之间的所有连接螺栓拧紧，即完成一个标准节的加节工作。顶升加节过程如图 6—16 所示。

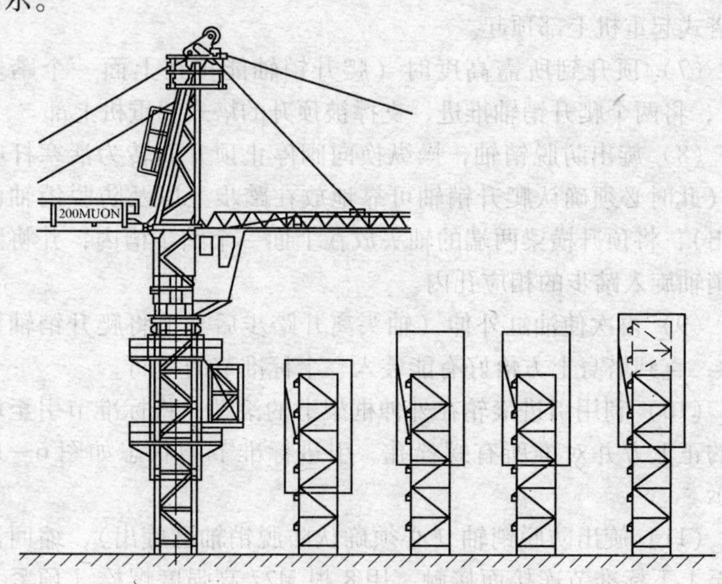

图 6—16　顶升加节过程

3. 顶升时的注意事项

（1）顶升时风速不得大于 13 m/s，即风力应小于 4 级。

（2）顶升前应使上部回转机构处于制动状态，绝对不允许有回转运动。

（3）顶升过程中，塔式起重机除自己安装需要吊装外不得进行吊装作业。

（4）操纵油缸顶升前，应确认下转台与塔身之间的螺栓已拆除。

（5）若液压顶升系统出现异常，应立即停止顶升，收回油缸，检查有无顶升障碍和油路系统故障。

（6）顶升作业时应特别注意设专人扶正顶升横梁，确保横梁两端头在踏步槽内准确就位后安装防脱销轴。在顶升过程中时刻注意横梁工作情况，如有异常应立即停止作业，妥善处置，以保安全。

（7）若要连续加几节标准节，则每加完一节后使用塔式起重机自身起吊下一节标准节前，塔身各主弦杆和下支座必须由一根连接螺栓连接。如不再继续加节，则下支座与标准节之间的 8 根高强度螺栓必须全部连接好。

（8）所加标准节上的踏步必须与已有标准节对正。

（9）所加标准节上的高强度螺栓必须紧固到位，符合规定的扭矩值，并以双螺母防松。

4. 顶升完毕的注意事项

（1）加节完毕，应旋转臂架至不同的角度，检查塔身节各接头高强度螺栓的拧紧情况，重点检查下支座与塔身连接螺栓的紧固情况。

（2）塔式起重机加节完毕，将爬升架下降到塔身底部并加以固定，以降低整个塔式起重机的重心和减少迎风面积。

（3）塔式起重机加节完毕，将操作手柄置于零位并切断液压系统的电源。

第三节　关键部件安装

一、销轴连接

在塔式起重机事故中，因销轴脱落造成的事故占有很大的比例。造成销轴脱落的因素主要有结构因素和安装因素。

1. 销轴连接与开口销固定必须可靠

销轴连接与开口销固定应避免以下缺陷，防止销轴窜出：

(1) 销轴端未安装开口销。

(2) 开口销未开口或开口度不够。

(3) 开口销以小代大。

(4) 采用铁丝、焊条等代替开口销。

(5) 开口销锈蚀严重。

2. 销轴与挡板固定必须可靠

(1) 螺栓固定轴端挡板形式

此种形式固定螺栓容易产生拧折、拧断或螺纹滑扣，使固定螺栓失效，容易造成销轴脱落。因此，在销轴固定轴端挡板安装中一旦发现连接螺栓有损坏或螺栓孔脱扣时一定要修复后才能继续安装。

(2) 轴端挡板焊接形式

此种形式在安装过程中锤击销轴时，容易把轴端挡板的焊缝打裂。因此，应避免销轴已安装到位后继续锤击，使焊缝受损。避免销轴偏转，防止轴端撞击轴端挡板，使焊缝产生裂纹。

二、高强度螺栓固定

1. 必须保证高强度螺栓等级与扭矩

高强度螺栓的连接形式分为摩擦型和承压型。塔式起重机一般采用摩擦型，因此必须保证其预紧力和扭矩值。

（1）安装塔身前先对高强度螺栓进行全面检查，核对其规格、等级标志，确认无误后在螺母支撑面及螺纹部分涂上少量润滑油以降低摩擦因数，保证预紧力和扭矩值。

（2）8.8 级及以上等级的螺栓绝不允许采用弹垫防松，必须使用平垫圈，塔式起重机的高强度螺栓必须采用双螺母锁紧防止松动。

（3）高强度螺栓有两种穿插方向：一种是将螺栓自上而下穿插，另一种是自下而上穿插。其受力状况相同。

（4）高强度螺栓安装时必须按照使用说明书规定的等级配备，必须使用扭力扳手复核高强度螺栓的扭矩，保证高强度螺栓的预紧力。

2. 安装高强度螺栓的要求

（1）螺栓孔端面应平整。

（2）清除连接结合面的金属切削物、污泥、油漆、锈蚀等影响平整度的污物。

（3）在安装前螺纹及螺母端面等处需涂抹黄油。

（4）高强度螺栓不得一次性拧紧，应分 2 ~ 3 次拧紧。

（5）高强度螺栓安装时应对角紧固，避免偏角紧固。

（6）塔式起重机使用说明书对高强度螺栓有使用次数要求时，应严格执行。

（7）螺栓组合受力时应保证每个螺栓受力均匀，避免螺栓逐个破坏。

三、标准节的安装

1. 标准节与基础节不能混淆

（1）少数塔式起重机标准节根据杆件强度不同分为两种规格，不同规格的标准节外形几乎一样，仅是主弦杆壁厚不同，安装时不能混淆。

（2）自升式塔式起重机每次加节或下降前，应先检查顶升系统，确认完好才能使用。附着加节时应确认附着装置的位置和支撑点的强度，并遵循先装附着装置后顶升加节。塔式起重机的自由高度应符合使用说明书的要求。

2. 加强节和标准节的安装要求

（1）对于高度较高的塔式起重机，在基础节上方、标准节下方安装一节或两节加强节，以增加塔身的刚度。

（2）标准节上的螺栓必须在全部拧紧后方准摘去吊钩，开动液压系统，启动顶升机构，进行第二节标准节架的安装。

（3）安装最后一个标准节前，要装上回转支撑通道平台，安装最后一个标准节必须将标准节的下部与塔身连接稳固，上部与回转支撑支座连接牢固，方准进行下道工序。

四、起重臂与平衡臂安装

1. 正确选择吊点

（1）由于起重臂、平衡臂都很长，在吊装中必须选择好吊点，保持臂杆在吊装中处于平衡状态，必要时采用缆风绳控制。

（2）选择起重臂、平衡臂吊点位置时要按照使用说明书的要求确定。对于使用说明书未标注吊点位置的：一是注意被吊装结构件的平衡；二是注意吊点处的结构强度和吊索连接的牢固；三是吊点不得固定在主弦杆中部和腹杆上；四是吊索与被吊臂杆的棱角之间应加垫块。

2. 平衡重配置

（1）对于可以变换臂长的塔式起重机，其平衡重的质量是随臂长不同而变化的，安装时应按使用说明书规定的平衡重的数量、规格和位置准确安装。平衡重安装位置不正确，会造成起重臂与平衡臂力矩偏差过大，容易造成塔式起重机失稳。

（2）平衡重不得一次性安装到位，必须严格按照使用说明书的规定，分两次安装，安装起重臂之前先安装一部分，待起重臂安装完毕再将剩余的平衡重安装到位。

五、安装爬升套架

1. 正确安装爬升套架，安装时应注意套架油缸与基础节的耳板方向一致。

2. 正确安装顶升横梁，顶升横梁（也称元宝梁）是顶升和拆卸过程中的重要部件，顶升横梁轴头放在半圆形的塔身踏步孔内，如果就位不准确或踏步槽的宽度不够极有可能使轴头脱出，引起重大事故。

3. 顶升过程中，严禁旋转起重臂以及使用吊钩起升和放下。

第四节 安全装置调试

安全装置是保证塔式起重机安全有效运行的重要部件。塔式起重机安装完毕后应按照使用说明书规定的数值调试好各种安全装置，以确保安全装置的性能。

一、起升高度限位器的调试

1. 起升高度限位器的性能要求

（1）对动臂变幅式塔式起重机，当吊钩装置顶部升至起重臂下端的最小距离为 800 mm 处时，应能立即停止起升运动，对没有变幅重物平移功能的动臂变幅式塔式起重机，还应同时切断向外变幅控制回路电源，但应有下降和向内变幅运动。

（2）对小车变幅式塔式起重机，吊钩装置顶部升至小车架下端的最小距离为 800 mm 处时，应能立即停止起升运动，但应有下降运动。

（3）所有型式的塔式起重机，当钢丝绳松弛可能造成卷筒乱绳或反卷时应设置下限位器，在吊钩不能再下降或卷筒上钢丝绳只剩 3 圈时应能立即停止下降运动。

2. 起升高度限位器的调试方法

（1）调整在空载下进行，分别压下微动开关（1WK、2WK），确认该两挡起升限位微动开关是否灵敏可靠。如图 6—17 所示。

（2）当开关压下与凸轮相对应的微动开关 2WK 时，快速上升工作挡电源被切断，起重吊钩只可低速上升；当开关压下与凸轮相对应的微动开关 1WK 时，上升工作挡电源均被切断，起重吊钩只可下降，不可上升。

（3）将起重吊钩提升，使其顶部至小车底部垂直距离为 1. 3 m时，调整轴，使凸轮动作至使微动开关 2WK 瞬时换接，拧紧螺母。

（4）以低速将起重吊钩提升，使其顶部至小车底部垂直距离为 1 m（2 倍率时）或 0. 8 m（4 倍率时），调整轴，使凸轮动作至微动开关 1WK 瞬时换接，拧紧螺母。

（5）对两挡高度限位进行多次空载验证和修正。

（6）当起重吊钩滑轮组倍率变换时，高度限位器应重新调整。

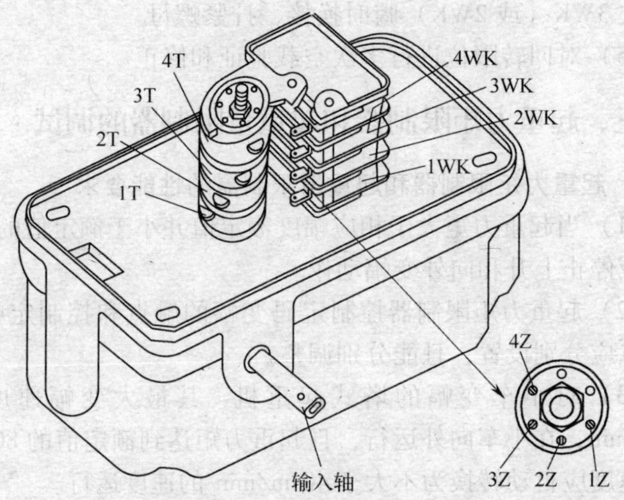

图 6—17　起升高度限位器调试

1T、2T、3T、4T—凸轮　1WK、2WK、3WK、4WK—微动开关 1Z、2Z、3Z、4Z—调整轴

二、回转限位器的调试

1. 回转限位器的性能要求

对回转处不设集电器供电的塔式起重机，应设置正反两个方向回转限位开关，开关动作时臂架旋转角度应不大于 ±540°。

2. 回转限位器的调试方法

（1）将塔式起重机回转至电源主电缆不扭曲的位置。

（2）调整在空载下进行，分别压下微动开关（2WK、3WK），确认控制向左向右回转的这两个微动开关是否灵敏可靠。这两个微动开关均对应凸轮，分别控制左右两个方向的回转限位。

（3）向右回转 540°（即一圈半），调整动轴，凸轮动作使微动开关 2WK（或 3WK）瞬时换接，拧紧螺母。

（4）向左回转1 080°（即三圈），调整动轴，凸轮动作使微动开关 3WK（或 2WK）瞬时换接，拧紧螺母。

（5）对回转限位进行多次空载验证和修正。

三、起重力矩限制器和起重量限制器的调试

1．起重力矩限制器和起重量限制器的性能要求

（1）当起重力矩大于相应幅度额定值并小于额定值的 110% 时，应停止上升和向外变幅动作。

（2）起重力矩限制器控制定码变幅的触点和控制定幅变码的触点应分别设置，且能分别调整。

（3）对小车变幅的塔式起重机，其最大变幅速度超过 40 m/min，在小车向外运行，且起重力矩达到额定值的 80% 时，变幅速度应自动转换为不大于 40 m/min 的速度运行。

（4）当起重量大于最大额定起重量并小于 110% 额定起重量时，应停止上升方向动作，但应有下降方向动作。具有多挡变速的起升机构，限制器应对各挡位具有防止超载的作用。

2．起重量限制器的调试

（1）小车变幅式塔式起重机起重量限制器的调试

起重量限制器在塔式起重机出厂前都已按照机型进行了调试及整定，塔式起重机重新安装后与实际工况的载荷不符时需要重新调试，调试后要反复试吊重块三次以上确保无误后方可进行作业。

（2）拉力环式起重量限制器的调试方法（见图 6—18）

当起重吊钩为空载时，用小旋具分别压下微动开关 5、6、7，确认各挡微动开关是否灵敏可靠。

1）微动开关 5 为高速挡重量限制开关，压下该开关，高速挡上升与下降的工作电源均被切断，且联动台上指示灯闪亮显示。

2）微动开关 6 为 90% 最大额定起重量限制开关，压下该开关，联动台上蜂鸣器报警。

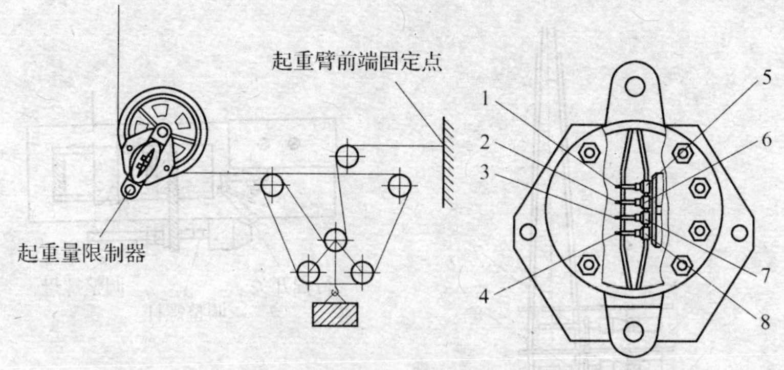

图 6—18　拉力环式起重量限制器的调试

1，2，3，4—螺钉调整装置　5，6，7，8—微动开关

3）微动开关 7 为最大额定起重量限制开关，压下该开关，低速挡上升的工作电源被切断，起重吊钩只可以低速下降，且联动台上指示灯闪亮显示。

4）工作幅度小于 13 m（即最大额定起重量所允许的幅度范围内），起重量为1 500 kg（2 倍率）或3 000 kg（4 倍率），起吊重物离地 0. 5 m，调整螺钉 1 至使微动开关 5 瞬时换接，拧紧螺钉 1 上的紧固螺母。

5）工作幅度小于 13 m，起重量为2 700 kg（2 倍率）或 5 400 kg（4 倍率），起吊重物离地 0. 5 m，调整螺钉 2 至使微动开关 6 瞬时换接，拧紧螺钉 2 上的紧固螺母。

6）工作幅度小于 13 m，起重量为3 000 kg（2 倍率）或 6 000 kg（4 倍率），起吊重物离地 0. 5 m，调整螺钉 3 至使微动开关 7 瞬时换接，拧紧螺钉 3 上的紧固螺母。

7）各挡重量限制调定后，均应试吊 2 ~ 3 次检验或修正，各挡允许重量限制偏差为额定起重量的 ±5%。

3. 起重力矩限制器的调试方法

（1）小车变幅式塔式起重机使用的起重力矩限制器，多采用弓板式力矩限制器。其调试方法如图 6—19 所示。

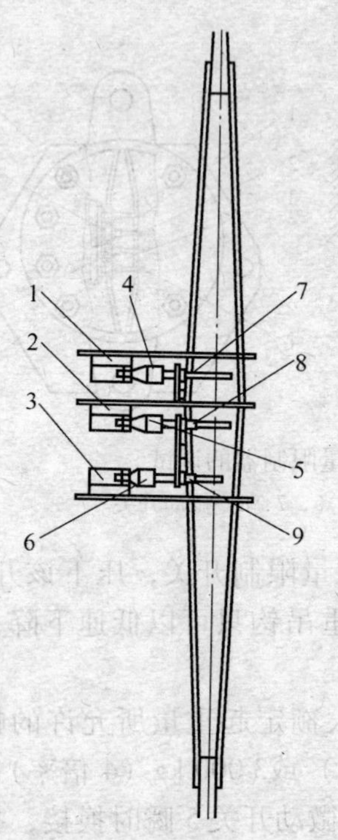

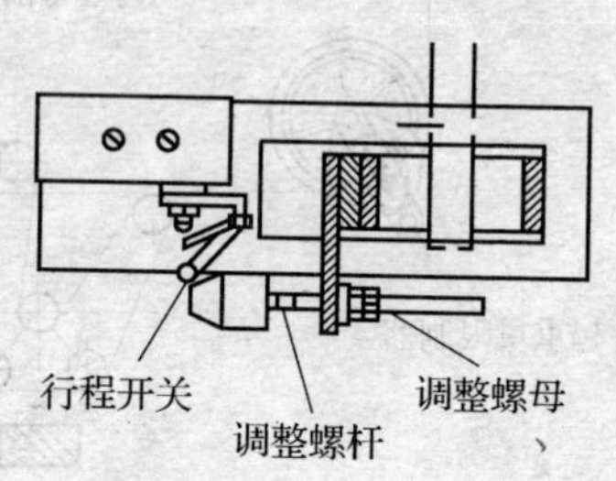

图 6—19　弓板式力矩限制器的调试

1，2，3—行程开关　4，5，6—调整螺杆　7，8，9—调整螺母

（2）当起重吊钩为空载时，用旋具分别压下行程开关 1、2、3，确认三个开关是否灵敏可靠。

1）行程开关 1 为 80% 额定力矩的限制开关，压下该开关，操作台上蜂鸣器报警。

2）行程开关 2、3 为额定力矩的限制开关，压下该开关，起升机构上升和变幅机构向前的工作电源均被切断，起重吊钩只可下降，变幅小车只可向后运行，且联动台上指示灯闪亮，蜂鸣器持续报警。

（3）调整时吊钩采用 4 倍率和独立高度 40 m 以下，起吊重物离开地面，小车能够运行即可。

（4）工作幅度为 50 m 的臂长，小车运行至 25 m 幅度处，起重量为2 290 kg，起重重物离地塔式起重机平稳后，调整与行程开关 1 相对应的调整螺杆 4 至行程开关 1 瞬时换接，拧紧相应的调整螺母 7。

（5）按定码变幅方法调整力矩限制器，调整行程开关 2。

1）在最大幅度 50 m 处，起重量为1 430 kg，起吊物离地塔式起重机平稳后，调整与行程开关 2 相对应的调整螺杆 5 至使行程开关 2 瞬时换接，并拧紧相应的调整螺母 8。

2）在 18. 8 m 处起吊4 200 kg，塔式起重机平稳后逐渐增加至总质量小于4 620 kg 时，应切断小车向外和吊钩上升的电源，若不能断电，则重新在最大幅度处调整行程开关 2，确保在两工作幅度处的相应额定起重量不超过 10%。

（6）按定码变幅方法调整力矩限制器，调整行程开关 3。

1）在 13. 72 m 的工作幅度处，起吊6 000 kg（最大额定起重量）；小车向外变幅至 14. 4 m 的工作幅度时，起吊重物离地塔式起重机平稳后，调整与行程开关 3 相对应的调整螺杆 6 至使行程开关 3 瞬时换接，并拧紧相应的调整螺母 9。

2）在工作幅度 38. 7 m 处，起吊1 800 kg，小车向外变幅至 42. 57 m 时，应切断小车向外和吊钩上升的电源；若不能断电，则在 14. 4 m 处起吊6 000 kg，重新调整力矩限制器行程开关 3，确保两额定起重量相应的工作幅度不超过 10%。

四、变幅限位器的调试

1. 变幅限位器的性能要求

（1）对动臂变幅式塔式起重机应设置幅度限位开关，在臂架到达相应的极限位置前开关动作，制止臂架再往极限方向变幅。

（2）对小车变幅式塔式起重机应设置小车行程限位开关和

终端缓冲装置。限位开关动作后应保证小车停车时其端部距缓冲装置最小距离为 200 mm。

（3）对动臂变幅式塔式起重机应设置臂架极限位置的限制装置。该装置应能有效防止臂架向后倾翻。

2．变幅限位器的调整方法

（1）调整在空载下进行，分别压下微动开关（1WK、2WK、3WK、4WK），确认该四挡变幅限位微动开关是否灵敏可靠。

1）当压下与凸轮相对应的微动开关 2WK 时，快速向前变幅的工作挡电源被切断，变幅小车只可以低速向前变幅。

2）当压下与凸轮相对应的微动开关 1WK 时，变幅小车向前变幅的工作挡电源均被切断，变幅小车只可向后，不可向前。

3）当压下与凸轮相对应的微动开关 3WK 时，快速向后变幅的工作挡电源被切断，变幅小车只可以低速向后变幅。

4）当压下与凸轮相对应的微动开关 4WK 时，变幅小车向后变幅的工作挡电源均被切断，变幅小车只可向前，不可向后。

（2）向前变幅及减速和臂端极限限位的调整

1）将小车开到距臂端缓冲器 1.5 m 处，调整 2Z 使凸轮 2T 动作至使微动开关 2WK 瞬时换接（调整时应同时使凸轮 3T 与 2T 重叠，以避免在制动前发生减速干扰），并拧紧螺母。

2）再将小车开至距臂端缓冲器 200 mm 处，按程序调整轴 1Z 使凸轮 1T 动作至使微动开关 1WK 瞬时切换，并拧紧螺母。

（3）向后变幅及减速和臂根极限限位的调整

1）将小车开到距臂根缓冲器 1.5 m 处，调整轴 4Z 使凸轮 4T 动作致使微动开关 4WK 瞬时换接（调整时应同时使凸轮 3T 与 2T 重叠，以避免在制动前发生减速干扰），并拧紧螺母。

2）再将小车开至距臂根缓冲器 200 mm 处，按程序调整轴 3Z 使凸轮 3T 动作至使微动开关 3WK 瞬时切换，并拧紧螺母。

（4）幅度限位器调整后应进行多次空载验证和修正。

五、小车断绳保护装置

小车变幅式塔式起重机设置双向小车变幅断绳保护装置，塔式起重机安装后应检查确认其性能是否正常，发现异常现象应对其进行更换。

六、小车防坠落装置

小车变幅式塔式起重机设置小车防坠落装置，即使车轮失效小车也不得脱离臂架坠落。塔式起重机安装后应检查确认其性能是否正常，发现异常现象应对其进行更换。

七、钢丝绳防脱装置

滑轮、起升卷筒及动臂变幅卷筒均设有钢丝绳防脱装置，该装置表面与滑轮或卷筒侧板外缘间的间隙不应超过钢丝绳直径的 20%，装置可能与钢丝绳接触的表面不应有棱角。

八、爬升装置防脱功能

自升式塔式起重机具有可靠的防止在正常加节、降节作业时，爬升装置从塔身支撑中或油缸端头从其连接结构中自行（非人为操作）脱出的功能。

九、报警装置

塔式起重机装有报警装置，在塔式起重机达到额定起重量的 90% 以上时，报警装置能发出断续的声光报警。

十、风速仪

对臂根铰点高度超过 50 m 的塔式起重机应配备风速仪，当风速大于工作允许风速时，应能发出停止作业的警报。

十一、安全装置的规定

1. 动臂变幅式塔式起重机，应装设幅度指示器，能正确指示吊具所在的幅度。

2. 动臂的支撑停止器与动臂变幅机构之间应设连锁保护装置。

3. 轨道上露天作业的起重机应安装锚定装置或铁靴。

4. 对回转部分不设集电环（器）的应设置回转限制器，左右回转应控制在1.5圈。

第七章

塔式起重机基础与附着装置

塔式起重机基础和附着装置是塔式起重机抗倾覆能力的关键点，塔式起重机连墙附着装置是塔式起重机标准节升至一定高度后所采取的一项保障性措施。因此，在塔式起重机基础和附着装置施工中必须严格执行使用说明书和相关标准、规范，保证塔式起重机基础和附着装置安全可靠。

第一节　塔式起重机基础施工技术

塔式起重机基础的设置是塔式起重机未来安全使用的关键环节。塔式起重机基础的可靠性直接影响着塔式起重机使用的安全可靠性。实践证明，不少重大安全事故都是由于塔式起重机基础存在问题而引起的，它是影响塔式起重机整体稳定性的一个重要因素。

一、塔式起重机基础的一般分类

塔式起重机基础根据塔式起重机种类不同分为固定式、轨道式、组合式三种。固定式基础采用桩基承台式混凝土基础，一般用于民用和市政建筑施工领域；轨道式基础是采用石碴作为轨道敷设的基础，是轨道式塔式起重机运行依赖的一种特有基础形式，一般用于工业建筑领域；组合式基础是将混凝土预制件合理组合与塔式起重机组成受力整体结构件的基础体。

二、固定式塔式起重机基础

固定式塔式起重机的混凝土基础施工依据《塔式起重机混凝土基础工程技术规范》（JGJ/T 187—2009）和使用说明书所规定的要求进行设计和施工。

1. 塔式起重机基础定位

根据工程的地质情况及塔式起重机类型，结合塔式起重机位置的现场条件，固定式塔式起重机基础有天然地基基础、PHC 管桩基础、混凝土灌注桩基础和复合地基等四种形式。

塔式起重机基础要根据施工总平面图和工程图合理定位。绘制塔式起重机位置平面图和立面图时，要在考虑安全使用的基础上，既做到能方便安装，又做到可顺利拆卸，并满足以下条件：

（1）塔式起重机基础定位时，要综合考虑塔式起重机附墙装置和施工吊装位置。塔式起重机安装场地范围内不得有障碍物，多机运行回转半径无相互干扰，塔式起重机运行与周边设施无互相影响，塔式起重机基础排水顺畅。在拆除塔式起重机时也不得有障碍物。塔式起重机混凝土基础底下不能有涵管、防空洞等。

（2）邻近多台塔式起重机同时作业，塔式起重机定位先要保证安全，要测量计算相邻塔式起重机的安全距离，在水平和垂直方向都要保证不少于 2 m 的安全距离，相邻塔式起重机的塔身和大臂不能发生干涉。

（3）处于高位的塔式起重机的最低位置的部件（吊钩升至最高点或平衡重的最低部位）与处于低位的塔式起重机中处于最高位置的部件之间的垂直距离不少于 2 m。

（4）塔式起重机基础定位在满足施工范围需要时，应尽量远离建筑物，使塔式起重机基础立面埋在（地质报告确定有足够基础地耐力的）原土层中，以保证基础承载力达到塔式起重机基础荷载。

（5）塔式起重机的安装现场必须避开架空输电线，保证塔式起重机与架空输电线没有接触的可能性，保证与架空输电线的安全距离。

2. 地基承载力

地基承受塔式起重机基础传来的上部荷载：一是垂直荷载，塔式起重机作用在基础顶面上的垂直力和基础的重力；二是塔式起重机作用在基础顶面上的水平力；三是塔式起重机作用在基础顶面上的弯矩。

施工单位应根据地质勘察报告确认施工现场的地基承载能力，按塔式起重机制造厂家提供的基础施工图施工时，应符合制造商所要求的地基承载力要求。

制造商未提出地基承载力要求，施工中应执行《塔式起重机设计规范》（GB/T 13752—1992），一般取0.2～0.3 MPa。

3. 塔式起重机混凝土基础设计

塔式起重机基础设计是基于能够保证塔式起重机承受总荷载（包括风荷载、吊载和惯性力）并保证塔式起重机垂直度的重要因素，塔式起重机基础上平面水平度应小于等于3 mm。

塔式起重机混凝土基础设计应符合《塔式起重机设计规范》（GB/T 13752—1992）和《塔式起重机混凝土基础工程技术规程》（JGJ/T 187—2009）以及《建筑地基基础设计规范》（GB 50007—2002）的要求。

塔式起重机基础设计必须根据制造厂家提供的工作状态和非工作状态下作用于基础的各种荷载进行。

（1）塔式起重机基础设计的要求

1）塔式起重机的稳定性。塔式起重机的稳定性是指塔式起重机在各种工况下所产生的各种荷载需达到平衡条件，能保持整机的稳定而不致倾翻的特性，并具有一定的安全系数，它是保证塔式起重机安全使用的重要因素之一。稳定性系数随着工况的变化而变化，稳定性系数越大表示塔式起重机的稳定性越好。

2）基础的强度性。塔式起重机基础应具有足够的强度，即能够承受塔式起重机各种工况下作用于基础上的垂直力、水平力及倾覆力矩。设计塔式起重机基础时需要验算地脚螺栓、埋入基础内预埋金属件的强度及在基础内的锚固力等。

3）地基均匀沉降性。塔式起重机基础在长时间的使用过程中所受的荷载一直在不断变化，如果地基沉降不均匀会使塔式起重机垂直度偏差增大，从而影响塔式起重机的稳定性，因此设计时应根据实地勘探和基础处理情况确定基础沉降的均匀度。

（2）混凝土基础抗倾翻稳定性计算

塔式起重机的抗倾翻稳定性由塔式起重机的自重和压重决定。塔式起重机混凝土基础受力情况应能够承受塔式起重机总荷载并保证其垂直度。塔式起重机混凝土基础抗倾翻稳定性计算如图 7—1 所示。

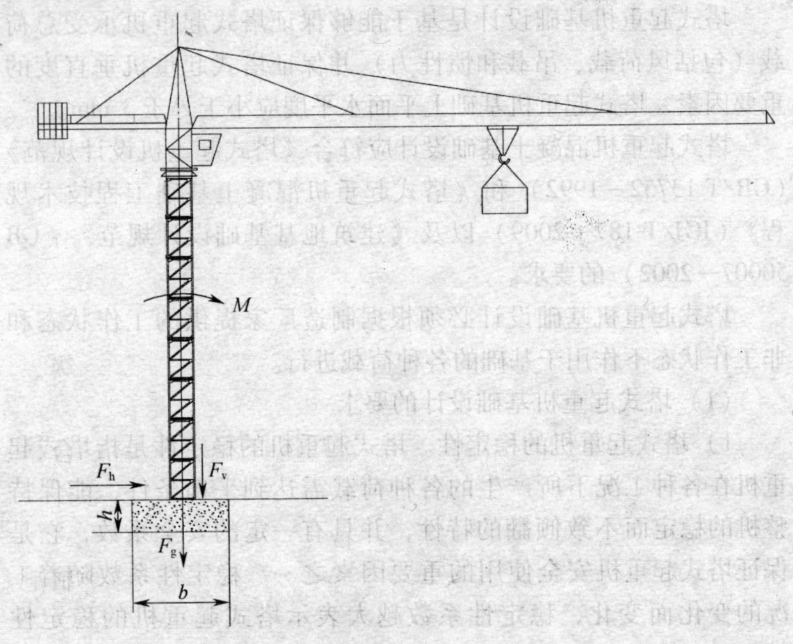

图 7—1　塔式起重机混凝土基础抗倾翻稳定性计算简图

1）塔式起重机混凝土基础受力情况。塔式起重机基础稳定性计算公式为：

$$E = \frac{M + F_h h}{F_v + F_g} \leqslant \frac{b}{3}$$

式中　E——偏心距，即地面反力的合力至基础中心的距离，m；

M——作用在基础上的弯矩，N·m；

F_v——作用在基础上的垂直荷载，N；

F_h——作用在基础上的水平荷载，N；

F_g——混凝土基础的重力，N。

2）地面压应力验算。地面压应力验算公式为：

$$P_B = \frac{2(F_v + F_g)}{3bl} \leqslant [P_B]$$

式中　P_B——地面计算压应力，Pa；

$[P_B]$——地面许用压应力，MPa，由实地勘探和基础处理情况确定，一般取0.2～0.3 MPa。

4. 塔式起重机混凝土基础施工

塔式起重机混凝土基础一般采用整体式现浇钢筋混凝土基础，塔身结构通过与预埋在钢筋混凝土中的预埋脚柱（支腿）、预埋节或地脚螺栓等固定在基础上。这种基础可以是独立的，也可以与建筑物结构相连或者是建筑物地下室底板的一部分。

塔式起重机混凝土基础应符合下列要求：

（1）地基必须夯实，地耐力为20 t/m²，混凝土强度等级不低于C35。

（2）基础混凝土浇筑完毕后应浇水养护，待强度检验合格后方可进行上部结构的安装作业，如提前安装必须有同条件养护混凝土试块的实验合格报告，强度达到安装说明书要求。

（3）预埋脚柱（支腿）、地脚螺栓和预埋节应使用原制造商或有相应资格单位生产的产品，并有产品合格证。

（4）地脚螺栓顶面必须在同一水平面上，露出基础平面高度为 350 mm，允许偏差不得大于 5 mm。

（5）混凝土基础的表面平整度和纵向、横向允许偏差为 1 /1 000。

（6）基础应有排水设施，排水畅通、不积水，避免基础因积水而锈蚀金属底架。

（7）塔式起重机的避雷装置宜在基础施工时预先埋好，安装后电阻小于 4 Ω。

（8）控制基础的高度不能超标，避免因塔式起重机的独立高度不足而通过增加基础高度的方法来增加塔式起重机的起升高度（随意增加塔式起重机的独立高度，会减少塔式起重机抗风荷载能力，影响其整体稳定性）。

5. 桩基础施工

当混凝土基础的地基达不到使用说明书规定的承载力时，应由具备相应资质的施工企业，根据基础所承受的载荷，采用钻孔灌注桩、预应力管桩、人工挖孔灌注桩、桩支撑台等施工技术，满足塔式起重机工作状况或非工作状况对基础的要求。

6. 塔式起重机基础加固处理

当地基承载力无法满足塔式起重机设计要求或基础受不利因素影响需对地基进行加固处理时，可采取一般处理法、桩基加固法、利用已有设施法、加大基础面积等方法处理。

7. 塔式起重机基础验证

（1）塔式起重机安装前，安装单位与使用单位应共同对塔式起重机基础进行检查验收，确认签字报监理认可后，方准进行塔式起重机安装。

（2）塔式起重机基础选择的位置必须符合塔式起重机使用说明书中对地耐力的要求。

（3）混凝土强度等级为 C35，混凝土强度大于 90% 以上并取得检验合格报告后方准进行塔式起重机安装。

（4）混凝土基础表面应进行水平校正，确保固定地脚水平度在1/1 000以内。

（5）塔式起重机基础检查验证资料

1）隐蔽工程验收资料（钢筋原材料质保书、钢筋绑扎施工验收单等），钢筋级别为HR335。

2）混凝土基础的强度报告（要求等级为C35、强度达到90%以上）。

3）混凝土承台基础及桩基基础检验隐蔽工程验收材料（钢筋原材料质保书、钢筋绑扎施工验收单等），钢筋级别为HR335。

4）塔式起重机基础地质勘察报告。

5）基础制作技术施工图（几何尺寸、制作工艺、施工图、变更设计书等）。

6）预埋固定支架水平度测量报告。

三、轨道式塔式起重机基础

轨道式塔式起重机基础是专为行走在轨道上的塔式起重机提供的一种基础。

1. 轨道铺设前的准备

轨道式塔式起重机基础铺设前应了解现场情况，如路基周围的排水、建筑物体、暗沟、防空洞等，绘出建筑物与路基平面图，仔细阅读说明书，考虑以下因素：

（1）在有建筑物的场所，应注意起重机的尾部与建筑物及建筑物外围施工设施之间的距离不小于0.6 m。

（2）两台起重机之间的最小距离应保证：处于低位的起重机的臂架端部与另一台起重机的塔身之间至少有2 m的距离，处于高位的起重机的最低位置的部件（吊钩升至最高点或平衡重的最低部位）与处于低位的起重机的最高位置部件之间的垂直距离不得小于2 m。

（3）有架空输电线的场合，塔式起重机任何部位与架空输电线的安全距离应符合表7—1的规定。

表7—1　　起重机与架空输电线的安全距离

安全距离 \ 电压（kV）	<1	1~15	20~40	60~111	220
沿垂直方向（m）	1.5	3.0	4.0	5.0	6.0
沿水平方向（m）	1.0	1.5	2.0	4.0	6.0

（4）地基承压能力应符合起重机出厂使用说明书的要求，若达不到设计要求，应采取加固措施。

2. 轨道钢轨敷设

（1）塔式起重机轨道应通过垫块与轨枕可靠连接，每间隔6 m应设轨距拉杆一个，使用过程中轨道不得移动。

（2）钢轨接头处应有轨枕支撑，不得悬空。使用过程中轨道不得移动。

（3）轨距允许偏差为公称值的1/1 000，其绝对值不大于6 mm。

（4）钢轨接头处间隙不大于4 mm，与另一侧钢轨接头的错开距离不小于1.5 m，接头处两轨顶高度差不大于2 mm。

（5）塔式起重机轨道安装后，应检验轨道间隙地基承载能力，符合使用说明书规定的技术条件后，方可进行塔式起重机的安装。

（6）塔式起重机安装后，轨道顶纵、横方向上的倾斜度对于上回转塔式起重机应不得大于3/1 000，对于下回转塔式起重机应不得大于5/1 000；在轨道的全程中，轨道顶面任意两点的高度差应小于100 mm。

（7）轨道行程两端的轨顶高度不低于其余部位中最高点的轨顶高度。

（8）塔式起重机轨道基础两旁、混凝土基础周围应修筑边坡和排水设施，并应与基坑保持一定的安全距离。

（9）塔式起重机金属结构、轨道应有可靠的接地装置，接地电阻不大于 4 Ω。若多处重复接地，其接地电阻不大于 10 Ω。

（10）距轨道终端 1 m 处必须设置缓冲止挡器，在距轨道终端 2 m 处必须设置限位开关。

四、组合式塔式起重机基础

组合式塔式起重机基础是采用无黏结预应力工艺将混凝土预制件与塔式起重机组成受力整体的结构件。

组合式塔式起重机基础适用于小车变幅式水平臂额定起重力矩不超过 400 kN · m 的塔式起重机。混凝土预制件形状为倒 T 形，如图 7—2 所示。

图 7—2　混凝土预制拼装塔式起重机基础平面示意图

采用组合式塔式起重机基础，应加强对塔基的地基承载力、定位组装、高强度螺栓紧固、预制件的质量、预应力施加、预应力筋的防护以及回填土等方面的控制，以确保塔式起重机基础使用的安全性。

1. 地基承载力

组合式塔式起重机基础对地耐力的要求根据塔式起重机的不同型号而异，地基承载力特征值应不低于 80 ~ 120 kPa。基槽开挖后，应判断塔式起重机安装部位的地耐力是否符合要求。

基坑的几何尺寸及形状应符合规定，基底应平整，不得有流沙、溶洞等现象，基础整体应位于同等地耐力、沉降一致的持力土层上，防止不均匀沉降。

2. 混凝土垫层

塔式起重机基础的预制件应安装在混凝土垫层上，垫层的强度等级为 C10 ~ C15，厚度为 10 ~ 15 mm，垫层的平面几何尺寸、水平高差、平整度应符合设计要求，尤其是表面平整度偏差应小于4 mm，垫层强度达到 80% 以上方可安装。

3. 混凝土预制件

组合式塔式起重机基础应保证预制件的形状、尺寸、预留洞、预留孔道和强度等级符合产品技术要求，使用前必须进行检验，未经验收或验收不合格不得使用。

组合式塔式起重机基础验收的内容如下：

（1）根据《建筑业企业资质管理规定》，混凝土预制件生产单位应具有混凝土预制件专业资质，并在其资质许可范围内从事生产经营活动。

（2）混凝土预制件采用后张法，是将多个组合件拼装在一起的，混凝土的强度等级不应低于 C35。

（3）预制件原材料进场时，应提供混凝土配合比，用于拌制混凝土的粗、细骨料，以及水泥、钢筋等原材料的合格证、复试报告和混凝土 28 天的强度报告。

4. 地脚螺栓

塔式起重机与基础联结应采用塔式起重机与基础固定专用螺栓螺母的合格产品，安装前应检查其合格证和检验报告。

基础地脚螺栓不允许采用焊接，不允许在混凝土基础上钻孔后用环氧树脂等黏结剂“种植”螺栓，以确保地脚螺栓的安全使用。

5. 回填土与基护

（1）采用 M5 水泥砂浆砌 120 mm 厚的挡墙，挡墙周边留泄水孔，防止雨水侵蚀地基土。挡墙砌筑高度与基础梁面平，内填土或砂石与梁面平齐，分两次夯填，以保证塔式起重机基础的稳固性。

（2）塔式起重机基础回填土时应将地脚螺栓留出，保证不被土覆盖，以便能定期检查，发现松动及时复紧。螺母复紧后，在螺栓外露端头涂抹黄油盖好防护罩，防止锈蚀。

（3）塔式起重机基础排水应通畅，附近不得随意挖坑开沟，其外缘 3 m 以内应无积水，以防浸泡地基，降低地基承载力或引起基础的不均匀沉降。

6. 现场拼装工艺流程

在混凝土垫层上弹好十字轴线和中心件位置线→铺 10 ~ 15 mm厚的中细砂垫层→安装中心件→依次安装各预制件及配重件→穿钢绞线→构件水平合拢→钢绞线张拉、封闭保护→安装地脚螺栓、柱脚等垂直连接构造及封闭保护→回填土与基护。

第二节　塔式起重机附着装置安装

塔式起重机附着装置是指塔式起重机塔身按一定距离的要求，锚固于建筑物或基础上的支撑件系统。当塔式起重机超过其独立高度的时候需要架设附着装置，以增加塔式起重机的稳定性，如图 7—3 所示。附着装置应由塔式起重机制造商制造。

一、附着装置形式

塔式起重机附着装置采用刚性结构件，有四联杆两点固定、四联杆三点固定、三联杆两点固定三种固定形式。三联杆两点固定如图 7—4 所示。四联杆两点固定如图 7—5 所示。

二、附着装置安装

以 QTZ63（5013）塔式起重机为例，第一道附着装置距离基础面 24 m，随着塔式起重机的加节升高，增加相应的附着次数。塔式起重机附着装置安装时，将两个半框架套在标准节上，依靠两个半框架间的 16 根 M20 连接螺栓把标准节箍紧，再通过联杆扶持塔身。附着装置通过销轴将附着联杆的一端与附着框架连接，另一端与固定在建筑物上的预埋件连接，以形成稳固的依附结构体。

图 7—3　塔式起重机附着装置的安装示意

安装附着装置时，应采用该塔式起重机制造商生产的附着装置及其附件，使用代用品将会降低附着装置的强度和稳定性。不得采用膨胀螺栓代替预埋件，或用缆风绳代替附着支撑装置。

附着装置的结构件长度都可以调节，各联杆应保持在同一平面内，调整顶块及联杆上调节螺栓的长度使塔身轴线垂直。

附着装置安装应符合塔式起重机说明书的要求，架设附着间距和附墙点以上的自由高度不能任意超长（具体的附墙点允许根据建筑物的实际情况，在 1 m 范围内进行适当的调整）。超长的附着联杆应另外设计并进行强度和稳定性的验算。

为了保证塔式起重机工作的稳定性和整机刚度，减少上部塔身的自由长度，在塔身全高内设置 7 套附着装置。附着装置的相关参数见表 7—2。

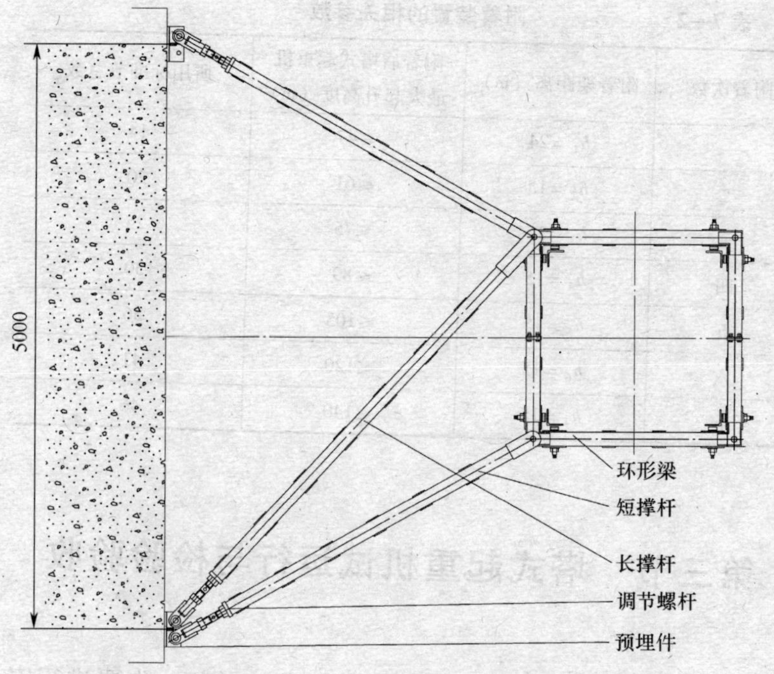

图 7—4　三联杆两点固定

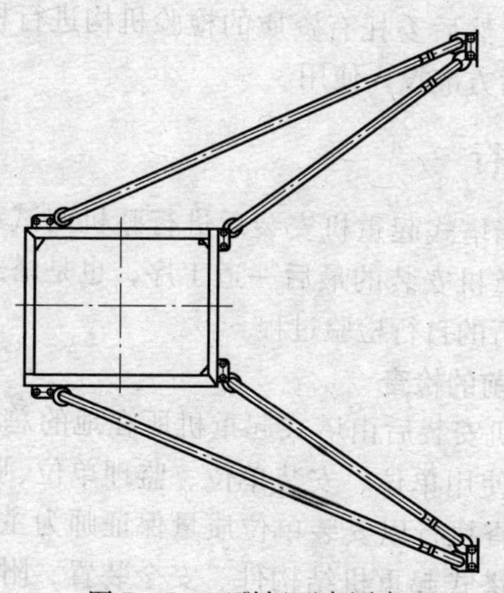

图 7—5　四联杆两点固定

表 7—2　　附着装置的相关参数

附着次数	附着架距离（m）	附着后塔式起重机最大起升高度（m）	所用标准节总数
一	$h_1=24$	≤47	14
二	$h_2=15$	≤61	20
三	$h_3=15$	≤75	25
四	$h_4=15$	≤89	30
五	$h_5=15$	≤105	36
六	$h_6=15$	≤120	41
七	$h_7=15$	≤140	46

第三节　塔式起重机试运行与检验验收

塔式起重机安装结束后，不能直接投入使用，先要进行安装后的试运行，然后委托有资质的检验机构进行检验检测，取得检验合格证后方准投入使用。

一、试运行

试运行是指塔式起重机安装后进行整机调试和各机构试运行，是塔式起重机安装的最后一道工序，也是塔式起重机安装后安装单位进行的自行检验过程。

1. 试运行前的检查

塔式起重机安装后由塔式起重机所在地的总承包单位组织和塔式起重机使用单位、安装单位、监理单位、出租单位进行联合检查，检查执行以安装单位质量保证师为主体，由安装人员对整机进行塔式起重机结构件、安全装置、附属装置等的完整性、符合性检查并填写检查记录，确认无误后，组织实施各种状态性能试运行，检查项目参照表 7—3。

表 7—3　　塔式起重机安装后检查确认表

工程名称								
塔式起重机	型号		设备编号		起升高度	m		
	幅度	m	起重力矩	kN·m	最大起重量	t	塔高	m
与建筑物水平附着距离				m	各道附着间距	m	附着道数	

验收部位	验收要求	结果
塔式起重机结构	部件、附件、连接件安装齐全，位置正确	
	螺栓拧紧力矩达到技术要求，开口销完全撬开	
	结构无变形、开焊、疲劳裂纹	
	压重、配重的重量与位置符合使用说明书要求	
基础与轨道	地基坚实、平整，地基或基础隐蔽工程资料齐全、准确	
	基础周围有排水措施	
	路基箱或枕木铺设符合要求，夹板、道钉使用正确	
	钢轨顶面纵、横方向上的倾斜不大于 1/1 000	
	塔式起重机底架平整度符合使用说明书的要求	
	止挡装置距钢轨两端距离≥1 m	
	行走限位装置距止挡装置距离≥1 m	
	轨接着间距不大于 4 mm，接头高低差不大于 2 mm	
机构及零部件	钢丝绳在卷筒上缠绕整齐、润滑良好	
	钢丝绳规格正确，断丝和磨损未达到报废标准	
	钢丝绳的固定和编插符合国家及行业标准	
	各部位润滑轮转动灵活、可靠、无卡塞现象	

续表

验收部位	验收要求	结果
机构及零部件	吊钩磨损未达到报废标准，保险装置可靠	
	各机构转动平稳，无异常响声	
	各润滑点润滑良好，润滑油牌号正确	
	制动器动作灵活可靠，联轴节连接良好，无异常	
附着锚固	锚固框架安装位置符合规定要求	
	塔身与锚固框架固定牢靠	
	附着框、锚杆、附着装置等各种螺栓、锁轴齐全、正确、可靠	
	垫铁、楔块等零部件齐全可靠	
	最高附着点下塔身轴线对支撑面垂直度不得大于相应高度的2/1 000	
	独立状态或附着状态下最高附着点以上塔身轴线对支撑面垂直度不得大于4/1 000	
	附着点以上塔式起重机悬臂高度不得大于规定要求	
电气系统	供电系统电压稳定、正常，工作电压为380 V ±10%	
	仪表、照明、报警系统完好、可靠	
	控制、操纵装置动作灵活、可靠	
	电气系统按要求设置短路和过电流、失压及零位保护。切断总电源的紧急开关符合要求	
	电气系统对地的绝缘电阻不大于0.5 MΩ	
安全限位与保险装置	起重量限制器灵敏可靠，其综合误差不大于额定值的±5%	
	起重力矩限制器灵敏可靠，其综合误差不大于额定值的±5%	
	回转限位器灵敏可靠	

续表

验收部位	验收要求	结果
安全限位与保险装置	行走限位器灵敏可靠	
	变幅限位器灵敏可靠	
	超高限位器灵敏可靠	
	顶升横梁防脱钩装置完好可靠	
	滑轮、卷筒上钢丝绳防脱装置完好可靠	
	小车断绳保护装置灵敏可靠	
	小车断轴保护装置灵敏可靠	
环境	布设位置合理，符合施工组织设计要求	
	与架空输电线最小距离符合规定	
	塔式起重机的尾部与周围建（构）筑物及其外围施工设施之间的安全距离不小于0.6 m	
其他	对检测单位意见复查	

出租单位验收意见： 签章：　　　日期：	安装单位验收意见： 签章：　　　日期：
使用单位验收意见： 签章：　　　日期：	监理单位验收意见： 签章：　　　日期：
总承包单位验收意见： 签章：　　　日期：	

2. 空载试运行

起升、回转、小车变幅各机构应分别进行数次运行，然后再做三次综合动作运行，运行过程中各机构制动器、操作系统、控制系统、连锁装置及各限位器应动作准确、可靠，任何部件不得发生异响、异常现象，否则应及时排除故障。

3. 载荷试运行

实验一，将塔式起重机处于小幅度内分别以 100% 和 110% 额定起重量进行静态实验，静态超载实验不允许进行变幅及回转。

实验二，将塔式起重机处于最大幅度处分别进行额定起重量的 25%、75%、100% 静态实验。

实验三，在空载实验、负荷实验合格后，进行超载 125% 的静态实验。

实验四，在超载 125% 静态实验合格后，进行超载 110% 的动态实验。

在最大幅度 50 m 和最小幅度 2.4 m 处以最低安全速度将对应的吊重吊离地面 100 ~ 200 mm，并在吊钩上逐次增加重量至额定起重量的 125%，停留 10 min，卸载后检查金属结构及焊缝是否出现可见裂纹、永久变形、连接松动。

运行过程中不得发生任何异常现象，各机构制动器、操作系统、控制系统、连锁装置及各限位器应动作准确、可靠。

载荷试运行的砝码及计量物体，可采用塔式起重机的配重块、混凝土锭块。

二、检验验收

根据《起重机械定期检验规则》（TSG Q7015—2008）的规定，塔式起重机安装或异地安装之后，必须在使用前一个月申报定期检验，塔式起重机使用检验周期为 1 年。塔式起重机首次或异地安装后应委托具有检验资质的单位检验，必须达到合格要求，其中任何一项不符合或未取得合格检验报告的，均不得投入使用。

塔式起重机检验以表 7—4 的内容为依据。

表 7—4　　起重机械定期（首检）检验结论报告

报告编号：

<table>
<tr><td>使用单位</td><td colspan="3"></td></tr>
<tr><td>使用单位地址</td><td colspan="3"></td></tr>
<tr><td>组织机构代码</td><td></td><td>使用地点</td><td></td></tr>
<tr><td>安全管理人员</td><td></td><td>联系电话</td><td></td></tr>
<tr><td>设备品种</td><td></td><td>单位内编号</td><td></td></tr>
<tr><td>制造单位</td><td colspan="3"></td></tr>
<tr><td>制造许可证编号
（型式试验备案号）</td><td></td><td>设备代码</td><td></td></tr>
<tr><td>制造日期</td><td></td><td>规格型号</td><td></td></tr>
<tr><td>产品编号</td><td></td><td>工作级别</td><td></td></tr>
<tr><td>最大幅度起重量/
额定起重量</td><td>t</td><td>最大起重力矩</td><td>N·m</td></tr>
<tr><td>起升高度</td><td>m</td><td>起升速度</td><td>m/s</td></tr>
<tr><td>大车运行速度</td><td></td><td>小车运行速度</td><td></td></tr>
<tr><td>检验依据</td><td colspan="3">起重机械定期检验规则（TSG Q7015—2008）</td></tr>
<tr><td>主要检验
仪器设备</td><td colspan="3"></td></tr>
<tr><td>检验
结论</td><td colspan="3"></td></tr>
<tr><td>备　注</td><td colspan="3"></td></tr>
<tr><td colspan="3">下次定期检验日期：　　年　　月　　日</td><td rowspan="4">检验机构核准证号：

（机构检验专用章）

年　　月　　日</td></tr>
<tr><td colspan="3">检验：　　　　日期：</td></tr>
<tr><td colspan="3">审核：　　　　日期：</td></tr>
<tr><td colspan="3">批准：　　　　日期：</td></tr>
</table>

共　页　第　页

起重机械定期（首检）检验报告附页

报告编号：

序号	检验项目及其内容			检验结果	检验结论	备注
1	B1 技术文件审查	（1）定期检验报告、使用记录				
2		（2）避雷系统有效证明				
3	B2 作业环境和外观检查	（1）额定起重量标志、检验合格标志				
4		（2）安全距离、红色障碍灯				
5		（3）防爆起重机安全保护装置及其电气元件、照明器材				
6	B3 司机室检查	（1）视野				
7		（2）灭火器、绝缘地板、标志				
8		（3）手柄、踏板自动复位				
9		（4）连接、防护装置				
10	B4 金属结构检查	（1）主要受力结构件				
11		（2）金属结构的连接				
12		（3）箱型起重臂（伸缩式）侧向单面调整间隙				
13	B5 轨道检查（大车、小车轨道）					
14	B6 主要零部件的检查	B6.1 总要求（磨损、变形、缺损）				
15		B6.2 吊具	（1）吊具的悬挂			
16			（2）吊钩的防脱钩装置			
17			（3）吊钩焊补、铸造起重机钩口防磨保护鞍座			
18			（4）防爆起重机吊钩的防止吊钩因撞击或者摩擦的措施			

共　　页　　第　　页

报告编号：

<table>
<tr><th>序号</th><th colspan="4">检验项目及其内容</th><th>检验结果</th><th>检验结论</th><th>备注</th></tr>
<tr><td>19</td><td rowspan="12">B6 主要零部件的检查</td><td rowspan="10">B6.3 钢丝绳</td><td rowspan="3">B6.3.1 钢丝绳配置</td><td>（1）钢丝绳匹配</td><td></td><td></td><td></td></tr>
<tr><td>20</td><td>（2）吊运炽热和熔融金属钢丝绳及其生产许可证</td><td></td><td></td><td></td></tr>
<tr><td>21</td><td>（3）防爆起重机防止钢丝绳脱槽装置</td><td></td><td></td><td></td></tr>
<tr><td>22</td><td rowspan="5">B6.3.2 钢丝绳固定</td><td>（1）钢丝绳绳端固定</td><td></td><td></td><td></td></tr>
<tr><td>23</td><td>（2）卷筒上的绳端固定装置</td><td></td><td></td><td></td></tr>
<tr><td>24</td><td>（3）金属压制固定的接头</td><td></td><td></td><td></td></tr>
<tr><td>25</td><td>（4）楔块固定的楔套、楔块</td><td></td><td></td><td></td></tr>
<tr><td>26</td><td>（5）绳卡固定时的安装、绳卡数</td><td></td><td></td><td></td></tr>
<tr><td>27</td><td rowspan="2">B6.3.3 用于特殊场合的钢丝绳的报废</td><td>（1）吊运炽热金属、熔融金属或者危险品的起重机械用钢丝绳的断丝数</td><td></td><td></td><td></td></tr>
<tr><td>28</td><td>（2）防爆型起重机钢丝绳断丝情况</td><td></td><td></td><td></td></tr>
<tr><td>29</td><td colspan="3">B6.4 滑轮（铸造起重机）</td><td></td><td></td><td></td></tr>
<tr><td>30</td><td colspan="3">B6.5 导绳器</td><td></td><td></td><td></td></tr>
</table>

共　　页　　第　　页

报告编号：

<table>
<tr><th>序号</th><th colspan="5">检验项目及其内容</th><th>检验结果</th><th>检验结论</th><th>备注</th></tr>
<tr><td>31</td><td rowspan="13">B7 电气与控制系统检查</td><td rowspan="2">B7.1 电气设备与控制功能</td><td colspan="3">（1）电气设备与控制功能</td><td></td><td></td><td></td></tr>
<tr><td>32</td><td colspan="3">（2）冶金型、防爆型、绝缘型起重机械电气设备及其元器件</td><td></td><td></td><td></td></tr>
<tr><td>33</td><td rowspan="2">B7.2 电气线路对地绝缘电阻</td><td colspan="3">（1）额定电压不大于 500 V 的电阻（或者其他电压的电阻）（MΩ）</td><td></td><td></td><td></td></tr>
<tr><td>34</td><td colspan="3">（2）绝缘型起重机械绝缘电阻（MΩ）</td><td></td><td></td><td></td></tr>
<tr><td>35</td><td rowspan="5">B7.3 起重机械接地</td><td rowspan="2">B7.3.1 电气设备接地</td><td colspan="2">（1）用金属结构做接地干线，非焊处的处理</td><td></td><td></td><td></td></tr>
<tr><td>36</td><td colspan="2">（2）电气设备与金属结构间的接地连接</td><td></td><td></td><td></td></tr>
<tr><td rowspan="2">37</td><td rowspan="3">B7.3.2 金属结构接地</td><td rowspan="2">（1）零件接地电阻（Ω）</td><td>非重复接地</td><td></td><td></td><td></td></tr>
<tr><td>重复接地</td><td></td><td></td><td></td></tr>
<tr><td>38</td><td colspan="2">（2）金属接地电阻与漏电保护器动作电流乘积（V）</td><td></td><td></td><td></td></tr>
<tr><td>39</td><td colspan="4">B7.4 总电源回路的短路保护</td><td></td><td></td><td></td></tr>
<tr><td>40</td><td colspan="4">B7.5 总电源失压（失电）保护</td><td></td><td></td><td></td></tr>
<tr><td>41</td><td colspan="4">B7.6 零位保护</td><td></td><td></td><td></td></tr>
<tr><td>42</td><td colspan="4">B7.7 过流（过载）保护</td><td></td><td></td><td></td></tr>
</table>

共　　页　　第　　页

报告编号：

<table>
<tr><th>序号</th><th colspan="4">检验项目及其内容</th><th>检验结果</th><th>检验结论</th><th>备注</th></tr>
<tr><td>43</td><td rowspan="10">B7 电气与控制系统检查</td><td colspan="3">B7.8 供电电源断错相保护</td><td></td><td></td><td></td></tr>
<tr><td>44</td><td colspan="3">B7.9 正反向接触器故障保护</td><td></td><td></td><td></td></tr>
<tr><td>45</td><td rowspan="2">B7.10 电磁式起重机电磁铁电源</td><td colspan="2">（1）交流侧电源线的引接</td><td></td><td></td><td></td></tr>
<tr><td>46</td><td colspan="2">（2）电磁式起重机电磁铁的备用电源</td><td></td><td></td><td></td></tr>
<tr><td>47</td><td rowspan="2">B7.11 按钮盘的控制电源</td><td colspan="2">（1）控制电源安全电压，按钮功能</td><td></td><td></td><td></td></tr>
<tr><td>48</td><td colspan="2">（2）便携式地操按钮盘的控制电缆支撑绳</td><td></td><td></td><td></td></tr>
<tr><td>49</td><td rowspan="2">B7.12 照明安全电压</td><td colspan="2">（1）照明安全电压（V）</td><td></td><td></td><td></td></tr>
<tr><td>50</td><td colspan="2">（2）用金属结构做照明线路的回路</td><td></td><td></td><td></td></tr>
<tr><td>51</td><td rowspan="2">B7.13 信号指示</td><td colspan="2">（1）总电源开关状态的信号指示</td><td></td><td></td><td></td></tr>
<tr><td>52</td><td colspan="2">（2）警示音响信号</td><td></td><td></td><td></td></tr>
<tr><td>53</td><td rowspan="3">B8 液压系统检查</td><td colspan="3">（1）平衡阀和液压锁与执行机构连接</td><td></td><td></td><td></td></tr>
<tr><td>54</td><td colspan="3">（2）液压回路漏油现象</td><td></td><td></td><td></td></tr>
<tr><td>55</td><td colspan="3">（3）油缸受力状况、安全限位装置、防爆阀（截止阀）</td><td></td><td></td><td></td></tr>
<tr><td>56</td><td rowspan="3">B9 安全保护和防护装置检查</td><td rowspan="3">B9.1 制动器</td><td colspan="2">B9.1.1 制动器设置</td><td></td><td></td><td></td></tr>
<tr><td>57</td><td rowspan="2">B9.1.2 制动器使用情况</td><td>（1）制动器的零部件缺陷、液压制动器漏油现象</td><td></td><td></td><td></td></tr>
<tr><td>58</td><td>（2）制动轮与摩擦片摩擦、缺陷和油污情况</td><td></td><td></td><td></td></tr>
</table>

共　页　第　页

报告编号：

<table>
<tr><th>序号</th><th colspan="4">检验项目及其内容</th><th>检验结果</th><th>检验结论</th><th>备注</th></tr>
<tr><td>59</td><td rowspan="18">B9 安全保护和防护装置检查</td><td rowspan="2">B9. 1 制动器</td><td rowspan="2">B9. 1. 2 制动器使用情况</td><td>（3）制动器调整、制动情况</td><td></td><td></td><td></td></tr>
<tr><td>60</td><td>（4）制动器的推动器漏油现象</td><td></td><td></td><td></td></tr>
<tr><td>61</td><td colspan="3">B9. 2 超速保护装置</td><td></td><td></td><td></td></tr>
<tr><td>62</td><td rowspan="3">B9. 3 起升高度（下降深度）限位器</td><td colspan="2">（1）起升高度限位器</td><td></td><td></td><td></td></tr>
<tr><td>63</td><td colspan="2">（2）吊运炽热、熔融金属起升机构高度限位器</td><td></td><td></td><td></td></tr>
<tr><td>64</td><td colspan="2">（3）塔式、门座式起重机下降深度限位器</td><td></td><td></td><td></td></tr>
<tr><td>65</td><td colspan="3">B9. 4 料斗限位器</td><td></td><td></td><td></td></tr>
<tr><td>66</td><td colspan="3">B9. 5 运行机构行程限位器</td><td></td><td></td><td></td></tr>
<tr><td>67</td><td rowspan="2">B9. 6 起重量限制器</td><td colspan="2">（1）设置</td><td></td><td></td><td></td></tr>
<tr><td>68</td><td colspan="2">（2）实验</td><td></td><td></td><td></td></tr>
<tr><td>69</td><td rowspan="2">B9. 7 起重力矩限制器</td><td colspan="2">（1）起重力矩限制器设置及其实验</td><td></td><td></td><td></td></tr>
<tr><td>70</td><td colspan="2">（2）回转极限力矩限制器设置及其实验</td><td></td><td></td><td></td></tr>
<tr><td>71</td><td rowspan="3">B9. 8 防风防滑装置</td><td colspan="2">（1）防风装置设置及其连接</td><td></td><td></td><td></td></tr>
<tr><td>72</td><td colspan="2">（2）动作实验</td><td></td><td></td><td></td></tr>
<tr><td>73</td><td colspan="2">（3）零件缺陷情况</td><td></td><td></td><td></td></tr>
<tr><td>74</td><td colspan="3">B9. 9 防倾翻安全钩</td><td></td><td></td><td></td></tr>
<tr><td>75</td><td colspan="3">B9. 10 缓冲器和止挡装置</td><td></td><td></td><td></td></tr>
<tr><td>76</td><td colspan="3">B9. 11 应急断电开关</td><td></td><td></td><td></td></tr>
</table>

共　　页　　第　　页

报告编号：

<table>
<tr><th>序号</th><th colspan="3">检验项目及其内容</th><th>检验结果</th><th>检验结论</th><th>备注</th></tr>
<tr><td>77</td><td rowspan="17">B9 安全保护和防护装置检查</td><td colspan="2">B9.12 扫轨板（下端距轨道，mm）</td><td></td><td></td><td></td></tr>
<tr><td>78</td><td colspan="2">B9.13 偏斜显示（限制）装置</td><td></td><td></td><td></td></tr>
<tr><td>79</td><td colspan="2">B9.14 连锁保护装置</td><td></td><td></td><td></td></tr>
<tr><td>80</td><td colspan="2">B9.15 风速仪</td><td></td><td></td><td></td></tr>
<tr><td>81</td><td colspan="2">B9.16 水平仪</td><td></td><td></td><td></td></tr>
<tr><td>82</td><td colspan="2">B9.17 防护罩、隔热装置</td><td></td><td></td><td></td></tr>
<tr><td>83</td><td rowspan="3">B9.18 防后翻装置和自动锁紧装置</td><td>（1）动臂式起重机臂架幅度限位开关、臂架反弹后翻装置</td><td></td><td></td><td></td></tr>
<tr><td>84</td><td>（2）钢丝绳变幅机构防臂架后倾装置</td><td></td><td></td><td></td></tr>
<tr><td>85</td><td>（3）变幅机构卷筒自锁装置</td><td></td><td></td><td></td></tr>
<tr><td>86</td><td rowspan="2">B9.19 断绳（链）保护装置</td><td>（1）断绳、松绳（链）及其绳（链）伸长不均检测装置</td><td></td><td></td><td></td></tr>
<tr><td>87</td><td>（2）塔式起重机小车断绳保护装置</td><td></td><td></td><td></td></tr>
<tr><td>88</td><td rowspan="2">B9.20 强迫换速装置</td><td>（1）自动转换为低速运行</td><td></td><td></td><td></td></tr>
<tr><td>89</td><td>（2）小车停车时缓冲距离</td><td></td><td></td><td></td></tr>
<tr><td>90</td><td colspan="2">B9.21 回转限制装置</td><td></td><td></td><td></td></tr>
<tr><td>91</td><td colspan="2">B9.22 防脱轨装置</td><td></td><td></td><td></td></tr>
<tr><td>92</td><td colspan="2">B9.23 电缆卷筒终端限位装置</td><td></td><td></td><td></td></tr>
<tr><td>93</td><td colspan="2">B9.24 起重量起升速度转换连锁保护装置</td><td></td><td></td><td></td></tr>
</table>

共　　页　　第　　页

报告编号：

序号	检验项目及其内容			检验结果	检验结论	备注
94	B9 安全保护和防护装置检查	B9.25 铁路起重机专项安全保护和防护装置	（1）支腿回缩锁定装置			
95			（2）上车顺轨回转角度的限位保护装置			
96			（3）上车对中装置，上下车之间回送止摆装置			
97			（4）液压油滤清器堵塞报警装置			
98			（5）下车全方位对准仪			
99			（6）走行挂齿安全装置			
100		B9.26 高空作业车专项安全保护和防护装置	（1）平台提升安全装置			
101			（2）应急停止装置			
102			（3）辅助下落装置			
103			（4）警笛或者其他报警装置			
104			（5）终点的限位装置			
105		B9.27 集装箱吊具专项安全保护和防护装置				
106		B9.28 升降机专项安全保护和防护装置	（1）防坠安全器			
107			（2）基础围栏门和电气安全装置			
108			（3）吊笼门机械锁钩和电气安全装置、通信联络设备			
109			（4）限位装置			
110			（5）极限开关			
111			（6）安全钩			
112			（7）缓冲器			

共　页　第　页

报告编号：

序号	检验项目及其内容			检验结果	检验结论	备注
113	B9 安全保护和防护装置检查	B9.28 升降机专项安全保护和防护装置	（8）钢丝绳防松弛装置			
114			（9）防坠落装置			
115			（10）断绳保护装置			
116			（11）超载保护装置			
117			（12）通道口连锁保护			
118			（13）安全钳、限速器			
119			（14）货厢门连锁保护装置			
120			（15）层门连锁保护装置			
121			（16）检修门锁和电气开关			
122			（17）横梁倾斜报警			
123			（18）水平指示装置			
124			（19）防倾翻报警装置			
125			（20）上、下工作装置互锁（锁定装置）			
126			（21）辅助应急装置			
127			（22）船厢顶紧和夹紧装置、制动装置			
128			（23）紧急出口门的安全开关			
129			（24）非载人升降机操纵机构设置			
130			（25）同步装置			

共　　页　　第　　页

报告编号：

序号	检验项目及其内容			检验结果	检验结论	备注
131	B9 安全保护和防护装置检查	B9.29 机械式停车设备专项安全保护和防护装置	（1）长、宽、高限制装置			
132			（2）阻车装置			
133			（3）警示装置			
134			（4）防止超限运行装置			
135			（5）人车误入检出装置			
136			（6）载车板上汽车位置检测装置			
137			（7）出入口门、围栏连锁安全检查装置			
138			（8）防重叠自动检测装置			
139			（9）防载车板坠落装置			
140			（10）防夹装置			
141			（11）缓冲器			
142			（12）运转限制装置			
143			（13）断绳（链）保护、松绳（链）伸长不均检测装置			
144			（14）应急停止开关、非自动复位的紧急停止开关			
145			（15）通风装置			
146			（16）通信装置			
147			（17）应急救护装置			
148			（18）安全钳和限速器及其型式试验证明			

共　　页　　第　　页

报告编号：

序号	检验项目及其内容			检验结果	检验结论	备注
149	B9 安全保护和防护装置检查	B9.30 汽车专用升降机类停车设备专项安全保护和防护装置	（1）制导行程			
150			（2）底坑红色急停开关和电源插座			
151			（3）超载限制器			
152			（4）停电时使升降机慢速移动到安全位置的装置			
153	B10 性能试验	B10.1 空载试验	（1）运转、制动情况			
154			（2）操纵系统、电气控制系统工作情况			
155			（3）沿轨道全长运行啃轨现象			
156			（4）各种安全装置工作情况			
157		B10.2 额定载荷试验	（1）机构运转情况			
158			（2）主要受力结构件情况			
159			（3）桥式起重机、门式起重机的挠度			
160		B10.3 升船机过船联合试验	（1）试验项目、方法和要求			
161			（2）各设备运行动作的准确性			
162			（3）船只过坝过程中升船机整体运作的正确性、可靠性和安全性			
163			（4）额定载荷试验			
164		B10.4 液压系统密封性能试验	新出厂或者大修、改造后的起重机械油缸回缩量、重物下降量，在用起重机械油缸回缩量（mm）			

共　页　第　页

报告编号:

<table>
<tr><th>序号</th><th colspan="3">检验项目及其内容</th><th>检验结果</th><th>检验结论</th><th>备注</th></tr>
<tr><td>165</td><td rowspan="5">B11
首检
附加
检验
项目</td><td rowspan="2">B11.1
产品技术文件</td><td>(1) 起重机械设计文件</td><td></td><td></td><td></td></tr>
<tr><td>166</td><td>(2) 产品技术文件和安全保护装置型式试验合格证明</td><td></td><td></td><td></td></tr>
<tr><td>167</td><td>B11.2
作业环境和起重机外观</td><td>通向起重机械通道、起重机械上的通道和净空高度、梯子、栏杆</td><td></td><td></td><td></td></tr>
<tr><td>168</td><td rowspan="2">B11.3
性能试验</td><td>(1) 静载荷试验</td><td></td><td></td><td></td></tr>
<tr><td>169</td><td>(2) 动载荷试验</td><td></td><td></td><td></td></tr>
<tr><td></td><td></td><td></td><td></td><td></td><td></td><td></td></tr>
<tr><td></td><td></td><td></td><td></td><td></td><td></td><td></td></tr>
<tr><td></td><td></td><td></td><td></td><td></td><td></td><td></td></tr>
<tr><td></td><td></td><td></td><td></td><td></td><td></td><td></td></tr>
<tr><td colspan="4">检验:　　　　　　　　日期:</td><td colspan="3">检验:　　　　　　审核:</td></tr>
</table>

共　页　第　页

第八章

塔式起重机拆卸施工

塔式起重机的拆卸顺序是安装的逆过程，即后装的先拆，先装的后拆。但是一般塔式起重机拆卸是在工程基本完工，有的甚至是经过长期闲置后进行的。因此在设备完好方面都存在一定问题，所以在拆卸前和拆卸过程中都应高度重视，应经仔细检查并采取相应措施后方可进行拆卸。

第一节　塔式起重机拆卸施工技术

塔式起重机拆卸施工技术包括拆卸准备、拆卸顺序、拆卸注意事项等。

一、塔式起重机拆卸准备

1. 拆卸前应仔细检查各机构特别是液压顶升机构运转是否正常，各紧固部位螺栓是否齐全完好，各销轴挡板是否齐全完好，各主要受力部件是否完好，一切正常后方可进行拆卸。

2. 由于拆卸塔式起重机时，建筑物已建完，工作场地不如安装时宽敞，故在拆卸前应清理塔式起重机基础周围的杂物并做好路面平整工作，清除或避开起重臂起落及半径内的障碍物，满足拆卸后塔式起重机部件的堆放或运输车辆进出条件。

3. 塔式起重机吊装的指挥人员必须持证上岗，作业时应与操作人员密切配合，执行规定的指挥信号或使用对讲机，并调整对讲机频率。

4. 在六级及以上大风、大雨、大雪等恶劣天气，应停止塔式起重机拆卸作业。雨雪过后作业前，应检查确认制动器装置灵敏可靠后方可进行作业。

5. 夜间施工时，项目部应提供足够的照明设施。

6. 拆卸作业现场应设置安全警示标志和警示绳，委派专人进行看护，扳起起重臂和重物下方严禁有人停留或通过。

二、塔式起重机拆卸顺序

塔式起重机拆卸顺序是安装的逆过程，即与安装顺序相反。拆卸程序原则为自上而下，先装后拆，后装先拆。

以固定式 QTZ63（5013）塔式起重机为例，其拆卸顺序如图 8—1 所示。

塔式起重机拆卸顺序如下：降低塔身标准节→拆卸附着装置→拆卸平衡块（保留一块）→拆卸起重臂→拆卸剩余平衡重→拆卸平衡臂→拆卸塔帽和驾驶室→拆卸上下支座总成（包括拆卸电气装置和钢丝绳）→拆卸套架及剩余标准节→拆卸基础节及底座。

1. 降低塔身标准节

（1）在套架的引进架下方预留放置卸下标准节的位置，将起重臂回转到标准节的引进方向，使回转制动器处于制动状态，小车处于规定的平衡位置。

（2）调整套架内的导向滚轮与塔身之间的间隙，一般以 2 ~ 3 mm为宜。

（3）将顶升油缸伸出全长的 90% 左右，把顶升横梁两销轴置于第二个标准节（从上至下数）的下踏步上。

（4）松开并卸下下支座与标准节的连接螺栓，把引进小车挂钩挂到标准节的横腹杆上。

（5）启动液压系统，伸出油缸约 100 mm 即关闭液压系统，

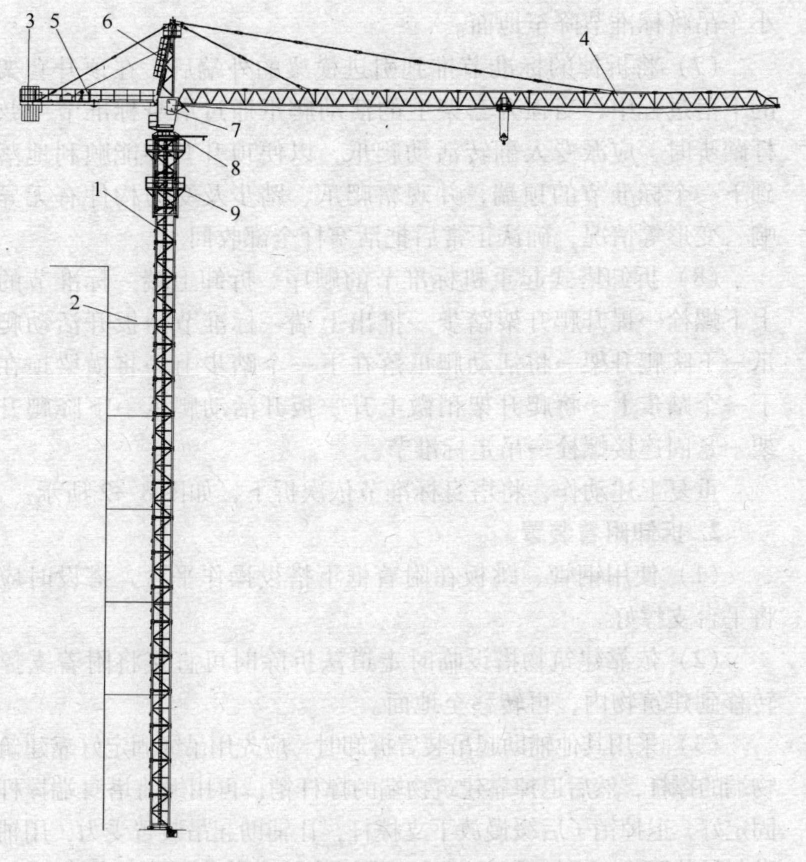

图 8—1　塔式起重机拆卸顺序

1—降塔身标准节　2—拆除附着装置（若无附着装置，则略去此项）　3—拆除平衡重（余下一块不拆）　4—起重臂的拆卸　5—平衡臂的拆卸 6—拆除塔帽　7—拆除驾驶室　8—拆除上、下支座总成　9—拆除套架及剩余的塔身

顶升横梁轴头落在第二个标准节相应的踏步上并微微顶起，使下转台与第一节接触面刚刚脱离。将标准节推出引进梁外面。

（6）回缩油缸，使套架下降，由爬爪支撑，顶升横梁降至下面踏步再回缩，下支座与塔身标准节之间用螺栓连接，使用小车吊将标准节降至地面。

（7）将拆掉的标准节推到引进横梁的外端后，在顶升套架的下落过程中，当顶升套架上的活动爬爪通过塔身标准节主弦杆踏步时，应派专人翻转活动爬爪，以便顶升套架能顺利地落到下一个标准节的顶端，并观察爬爪、踏步及受力构件有无异响、变形等情况，确认正常后把活塞杆全部收回。

（8）拆卸塔式起重机标准节的顺序。拆卸上端一标准节的上下螺栓→提升爬升架踏步→推出上端一标准节→扳开活动爬爪→下降爬升架→将活动爬爪落在下一个踏步上→将横梁顶在下一个踏步上→将爬升架稍微上升→扳开活动爬爪→下降爬升架→紧固连接螺栓→吊走标准节。

重复上述动作，将塔身标准节依次拆下，如图 8—2 所示。

2. 拆卸附着装置

（1）使用钢管、跳板在附着框下搭设操作平台，搭设时应将平台支撑好。

（2）依靠建筑物搭设临时走道法拆除时可直接将附着支撑转移到建筑物内，再转移至地面。

（3）采用其他辅助起吊装置拆卸时，应先用吊绳固定好靠建筑物端的撑杆，然后退掉靠建筑物端的撑杆销；再用绳将塔身端撑杆固定好，退掉销子后缓慢放下支撑杆，让辅助起吊装置受力，用辅助起吊装置将支撑杆吊至地面。用同样的方法依次拆除各支撑杆。

（4）采用塔式起重机自身能力拆卸时，当塔式起重机标准节降至接近装置时，先将吊绳固定好靠建筑物端的撑杆，然后退掉靠建筑物端的撑杆销，再用绳将塔身端撑杆固定好，退掉销子后缓慢放下支撑杆，让塔式起重机起吊受力，将支撑杆吊至地面。用同样的方法依次拆卸各支撑杆。

（5）拆除附着装置的外框架时应按以下步骤进行：

1）将附着外框架分解，配合液压顶升机构，将爬升框架至附着框架位置。

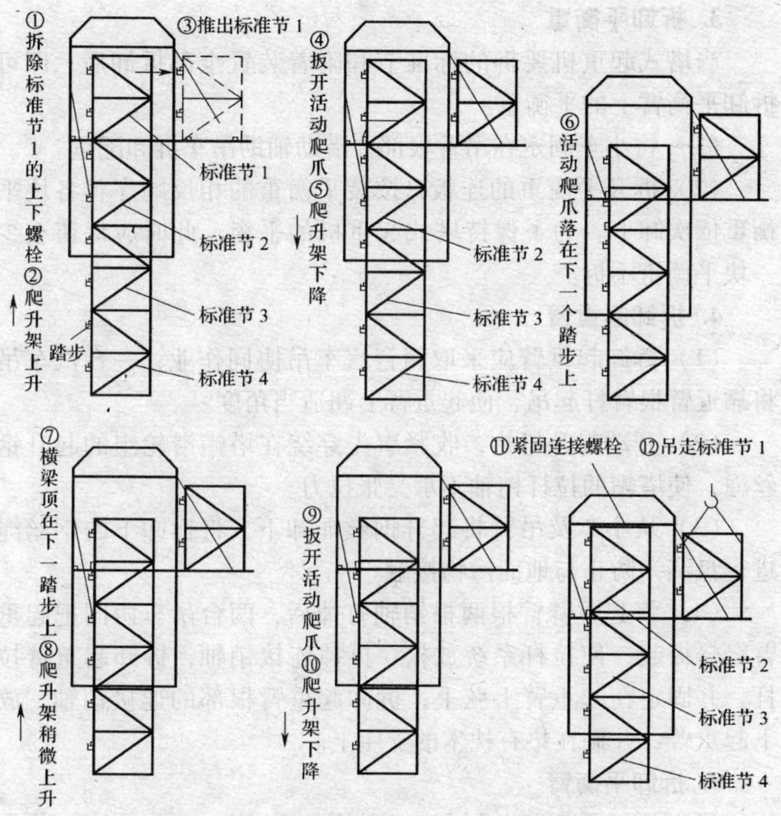

图 8—2 拆卸塔式起重机标准节过程

2）配合液压顶升机构，将爬升框降至附着框位置。用 8 号钢丝配合木楔将附着框固定在爬升框下端，固定附着框时不能影响降塔工作。

3）多次拆除时，可继续将下一个附着框架固定在上一个附着框上，随着降塔工作的进行，将附着框降至拆塔高度，最后用作业吊车将附着框吊下放至地面。

（6）严禁在降塔之前先拆卸附着装置。

（7）遇有六级及以上大风时，禁止拆卸附着装置。

3. 拆卸平衡重

当塔式起重机要拆的标准节和附着装置全部拆卸后，即可拆卸平衡臂上的平衡重。

（1）将小车固定在吊臂根部，借助辅助吊车拆卸配重。

（2）拆开平衡重的连板，按装平衡重的相反顺序将各块平衡重依次卸下。为了保持塔式起重机的平衡，此时应保留至少一块平衡重不拆。

4. 拆卸起重臂

（1）拆卸起重臂应采取两台汽车吊协同作业，一台汽车吊将靠近臂根臂杆起吊，使起重臂上翘适当角度。

（2）开动起升机构，收紧事先穿绕在塔帽滑轮组的起升钢丝绳，使塔帽的拉杆销轴不承受张拉力。

（3）从小车及吊臂将起升钢丝绳卸下，将拆卸下的钢丝绳进行盘绕，防止与地面污物接触。

（4）将起重臂臂根两根销轴打掉后，两台吊车协同把起重臂轻轻提起，使拉杆系统放松，拆掉连接销轴，拆卸起重臂拉杆，并固定在起重臂上弦上，拆卸起重臂根部的连接销轴，放下起重臂，并搁在垫有枕木的支座上。

5. 拆卸平衡臂

（1）拆卸平衡臂上剩余的两块平衡重。

（2）在平衡臂尾部系一控制缆风绳，以控制平衡臂摆动。

（3）以平衡臂安装时的吊耳为吊点（做好标记处），将平衡臂上仰以便放松拉杆。

（4）将两根拉杆的第一、二节间的连接销轴拆下，并将平衡臂上的两节拉杆用铁丝捆牢。

（5）将平衡臂放平，拆掉平衡臂（根部）与回转塔身的连接销轴，将平衡臂慢慢放在地面上或装车运离现场。

6. 拆卸塔帽和驾驶室

使用汽车吊将塔帽和驾驶室依次拆卸，平稳地放在地面上或装车。

7. 拆卸上下支座总成（包括拆卸电气装置和钢丝绳）

将爬升架的换步顶杆支撑在塔身上，然后拆掉下支座与爬升架和塔身的连接部件，使用汽车吊先将上支座及回转总成吊起，然后将下支座和电气装置以及钢丝绳逐次拆卸，平稳放在地面上或装车。

8. 拆卸套架及剩余标准节

将套架上活动爬爪放在上部的标准节上，吊住顶部标准节，将吊住的标准节与下面一节标准节之间的销轴抽出，吊起标准节，放至地面。将套架进行解体拆卸，缓缓地沿标准节主弦杆吊出放至地面，最后拆卸油缸和剩余的塔身。

9. 拆卸基础节及底座

拆卸最后两节标准节、基础节和底座，装车运离现场。

三、塔式起重机拆卸注意事项

1. 塔式起重机拆散后由工程技术人员和专业维修人员进行检查，并登记造册。

2. 应检查主要受力的结构件是否有金属疲劳、焊缝裂纹、结构变形等情况，检查塔式起重机各零部件是否有损坏或碰伤等。

3. 检查完毕，对缺陷、隐患进行维修修复后，再进行防锈、刷漆处理。

4. 塔式起重机在现场堆放应采取防碰撞、防腐蚀措施。

第二节　动臂臂杆扳起和放落

动臂式塔式起重机起重臂杆一般是在地面将其组装成一个整体，以塔式起重机自身动力将臂杆扳起至使用需求的高度位置，拆卸时将其放至地面，这种扳起和放落过程是动臂式塔式起重机安拆的关键工序，以下以4 000 t · m 动臂式塔式起重机为例。

一、臂杆扳起前的准备

1. 在臂杆扳起之前，将塔式起重机安装专项方案中臂杆扳起部分的技术要领和要求以及预防措施，逐一向承担任务的作业人员进行具体的交底，并明确其职责。

2. 清理臂杆扳起作业现场，保证臂杆扳起必要的安全可靠条件。

3. 明确臂杆扳起现场总负责人、现场安全管理人、起重指挥人、安装质量负责人。

4. 各个负责人应履行职责，在臂杆扳起之前进行相应的检查确认。

二、臂杆扳起前的安全检查

臂杆扳起的各职能负责人应共同对塔式起重机下列部件进行检查确认：

1. 主臂、副臂是否按规定的方式组合正确完好。

2. 对有柱索支架的组合，支架所装位置和支架长度是否正确。

3. 所有销轴、销簧、销卡是否连接正确、可靠。

4. 所有钢丝绳的穿绕是否正确，绳头固定是否正确、可靠。

5. 各限位器开关、幅度检测、力传感器、风速仪、航空安全灯等电气元件及其线路是否正确，连接是否可靠，是否留有扳起中需要的足够的电线余量，是否在扳起中会损坏电气元件，并采取相应措施。

6. 部件上应装的附件是否已安装上。

7. 检查平衡重的质量和安装位置。

8. 门架、台车、机台各部分的安装情况，特别是连接螺栓是否齐全、拧紧。

9. 轨道是否正常扳起，滑道是否平整，有无障碍物。

10. 机台与门架的连接接板中螺杆是否拧紧，有无松动。

三、臂杆扳起的程序

1. 将所有操作开关转换至扳起位置。

2. 在开动主变幅卷扬机之前，先开动副变幅卷扬机，使副臂拉索处于松弛状态，然后开动主变幅卷扬机。

3. 主变幅钢丝绳及扳起拉索处于拉紧状态后稍停，检查无卡滞现象后，再继续启动主变幅卷扬机，当主臂稍抬起离开支撑架 300 mm 左右时，停止主变幅卷扬机的动作。

4. 在此状态下停留 10 min，检查主臂头部、机台、扳起拉索、回转滚轮装置等各部件是否无异常无隐患，确认无误后再开动主变幅卷扬机。

5. 主臂抬起离开支撑架 500 ~ 600 mm 时进行一次制动，以检查制动装置的可靠性。

6. 确定制动装置有效后开动主变幅卷扬机继续扳起主臂，当主钩定滑轮中心离地面 20 m 时停止，将防后倾拉索与主臂前端连接好。

7. 在主臂杆扳起过程中，主副变幅卷扬机的动作必须协调，使副臂拉索始终处于松弛状态，副臂头部滚轮必须在钢板上滚动，不得离地，直至副臂头部滚轮达到离地面位置时停止。在整个扳起过程中应避免主副卷扬机出现点动现象，主变幅操作手柄应从 1 至 4 挡依次到位。

8. 开动副变幅卷扬机，张紧副变幅绳，使副臂头部滚轮不离地面，并保持副臂与主臂轴线夹角不变。此时，应记录下卷筒上钢丝绳余留圈数，或在钢丝绳上涂上油漆记号。

9. 开动主变幅卷扬机，使副臂头部离地面 1 m，穿绕起重钢丝绳，并安装高度限位器托块和带平面止推轴承固接装置。

应使穿好的起重钢丝绳主、副钩与副臂头部之间距离大于 20 m，使副臂头部离地 20 m 时吊钩开始离地。

10. 继续开动主变幅卷扬机整体扳起，直至主臂撑杆进入滑道并顶紧时停止，保持进入滑道顺利，此时主臂为 80°左右，主臂杆长度为4 600 mm。

11. 继续扳起主臂，直至主臂撑杆压缩到4 400 mm 为止，测量主臂顶部副臂根轴上幅度，调整正确后使主臂转角限位，此时，主臂为 66. 5°。

12. 开动副变幅卷扬机，扳起副臂至最大幅度工作位置，此时应观察副臂工作限位的动作是否可靠。

13. 检查各部位就位情况，把电气操作开关转至工作位置，将扳起用的拉扳螺套旋松去掉。

四、臂杆防落的程序

1. 准备主臂杆支撑架并使其就位，将起重吊钩放至离副臂前端大于等于 20% 位置。

2. 将电气操作开关转至扳起位置，去掉变幅绞车上的链条(可在最大幅度时)。

3. 将副臂缓缓放倒直至变幅绞车上的钢丝绳和扳起时相同为止，制动变幅绞车。

4. 继续放出主变幅绞车，整体放倒，放至副臂头部着地为止。

5. 继续放出主变幅绞车钢丝绳，副臂头部滚轮应在钢板上向外滚动。此过程中可适当收紧副变幅绳，但不能过紧，使副臂拉索处于松弛状态即可。注意，在主、副臂夹角增大时，副臂撑杆是否顺利脱出支撑座，如果顶牢应立即停止，排除故障后再继续放落，在主臂头部（主钩定滑轮中心）离地面大约 20 m时停止，将放后倾拉索与主臂前段连接拆除，继续放杆。

6. 放倒副臂后，主臂落至支撑架上，放倒作业完成。如图 8—3 所示。

图 8—3　轨道动臂式塔式起重机臂杆即将放落着地状态

第三节　塔式起重机安装拆卸操作规定

一、安装前的操作规定

1. 安装前，安装作业人员应分工明确、职责清楚，接受塔式起重机专项施工方案的技术交底，严格按专项方案进行作业。

2. 安装前应根据专项施工方案，检查确认基础的位置、标高尺寸；基础的隐蔽工程验收记录和混凝土强度报告等相关资料；安装辅助设备的基础、地基承载力、预埋件；基础的排水措施符合要求后方可实施。

3. 了解该塔式起重机的技术性能，掌握说明书中所规定的安装工艺和程序。

4. 掌握安拆部件的重量和吊点位置，掌握安装的关键节点和关键工序。

5. 对所安拆各机构部位、结构焊缝、重要部位、高强度螺栓、销轴、卷扬机构和钢丝绳、吊钩、吊具以及电气设备、线路等进行检查，并消除隐患。

6. 检查安装作业中配备的起重机、运输汽车等辅助机械应状况良好，技术性能应保证安拆作业的需要。

7. 安装现场的电源电压、运输道路、作业场地等应具备安拆作业条件。

8. 按说明书要求，对塔式起重机润滑部位和需要润滑的螺栓进行润滑。

9. 对施工现场和周边环境进行检查、清理，以适应安拆塔式起重机。

10. 对安装人员所使用的安全用品、安全带、安全帽等进行检查，不合格者立即更换。

11. 对自升塔式起重机顶升液压系统的液压和油管、顶升套架结构、导向轮、顶升撑脚（爬爪）等进行检查，及时处理存在的问题。

12. 对采用旋转塔身法所用的主副地锚架、起落塔身卷扬钢丝绳以及起升机构制动系统等进行检查，确认无误后方可使用。

13. 告知进入安拆场地配合运输的机动车辆司机相应的安全注意事项。

14. 安全监督岗的设置及安全技术措施的贯彻落实达到要求。对施工现场部署安全警示标示。

二、安装中的操作规定

1. 安装时按规定的连接形式连接塔式起重机部件，按规定的扭矩紧固螺栓。

2. 在紧固要求有预紧力的螺栓时，必须使用专门的可读数的工具，将螺栓准确地紧固到规定的预紧力值。

3. 拆卸时按规定的程序进行拆卸，并注意不影响下道工序的安全性。

4. 安装或拆卸起重臂和平衡臂时，严禁只安拆其中一个臂杆就中断作业。

5. 非电工作业人员不得从事安拆塔式起重机电气部分的项目。

6. 安装时必须先将大车行走限位装置及限位器碰块安装牢固可靠。

7. 安装时必须将各部位的栏杆、平台、护链、扶杆、护圈等安全防护零部件装齐，并在安装后做详细检查。

8. 安装时，每道工序完毕后，应进行检查确认，对于关键工序应经技术人员检查确认后进行下道工序。

9. 当遇特殊情况安装作业不能连续进行时，必须将已安装的部位固定牢靠并达到安全状态，经检查确认无隐患后，方可停止作业。

10. 当遇到特殊情况影响下道工序或对安全性有影响时，应停止作业并报技术人员，待新的作业方案确定后继续作业。

11. 塔式起重机的安拆作业应在白天进行，当遇大风、浓雾和雨雪等恶劣天气时应停止作业。

12. 连接件及其防松防脱件严禁用其他代用品代替，连接件及其防松防脱件应用力矩扳手或专用工具紧固连接螺栓。

13. 安拆作业的人员应听从指挥，如发现指挥信号不清或有错误时，应停止作业，待联系清楚后再进行。

14. 安拆过程中，发现异常情况或疑难问题时，应及时向技术负责人反映，不得自行其是，应防止处理不当而造成事故。

15. 在安拆上回转、小车变幅的起重臂时，应根据出厂说明书的安拆要求进行，并应保持起重机的平衡。

16. 采用高强度螺栓连接的结构，应使用原厂制造的连接螺栓。紧固连接螺栓时，应采用扭矩扳手或专用扳手，并应按装配技术数据要求拧紧。

17. 安装中必须将大车行走缓冲止挡器和限位开关碰块安装牢固可靠，并应将各部位的栏杆、平台、扶杆、护圈等安全防护装置装齐。

18. 在部件因损坏或其他原因而不能用正常方法拆卸时，必须按照技术部门批准的安全拆卸方案进行。

19. 安装过程中，必须分阶段进行技术检验，整机安装完毕后，应进行整机技术检验和调整，并填写检验记录，经技术负责人审查签证后，方可交付使用。

20. 安装起重臂时严禁下方有人员停留，起吊标准节时严禁人员从下方通过。

21. 严禁使用塔式起重机载运安装作业人员。

22. 塔式起重机不宜在夜间进行安装和拆卸作业，特殊情况必须要在夜间进行塔式起重机安装和拆卸作业时，应保证提供足够的照明。

23. 安装拆卸中需要动用电气焊时，应报现场安全管理人员同意，必要时办理动火证后作业。

24. 安装完毕后，应及时清理施工现场的辅助用具和杂物。

三、自升式塔式起重机顶升加节的操作规定

1. 顶升系统和结构件必须完好。

2. 顶升过程中，必须有专人操作液压系统，专人安拆螺栓，非作业人员不得从事顶升加节施工。

3. 顶升前，塔式起重机下支座与顶升套架应可靠连接。

4. 顶升前，应确保顶升横梁搁置正确。

5. 顶升前，应将塔式起重机配平。顶升过程中，应确保塔

式起重机的平衡，并将导向装置调整到规定的间隙。

6. 顶升前，应预先放松电缆，其长度宜大于顶升总高度，并应紧固好电缆卷筒，下降时应适时收紧电缆。

7. 顶升过程中，操纵室内应只准一人操作，不应进行起升、回转、变幅等操作。

8. 顶升过程中，顶升撑脚（爬爪）就位后，应插上安全销，方可继续下一动作。

9. 顶升结束后，应将标准节与回转下支座可靠连接，各连接螺栓应按规定扭矩紧固，液压操纵杆回到中间位置，并切断液压升降机构电源。

10. 应按照先装附着装置后顶升加节的顺序进行，附着装置的位置和支撑点的强度应符合要求。

11. 顶升加节过程中，必须有专人仔细注意检查，严防电缆被压拉、刮碰、挤伤等。

12. 升降应在白天进行，特殊情况需在夜间作业时，应有充分的照明。

13. 顶升加节中，突然起大风并增至四级时必须立即停止作业，并应紧固上、下塔身各连接螺栓。

四、安装塔式起重机附着锚固装置的操作规定

1. 塔式起重机附着的建筑物，其锚固点的受力强度应满足起重机的设计要求。附着杆系的布置方式、相互间距和附着距离等，应按出厂使用说明书规定执行。有变动时，应另行设计。

2. 装设附着框架和附着杆件，应采用经纬仪测量塔身垂直度，并应采用附着杆进行调整，在最高锚固点以下垂直度允许偏差为2/1 000。

3. 在附着框架和附着支座布设时，附着杆倾斜角不得超过10°。

4. 附着框架宜设置在塔身标准节连接处，箍紧塔身。塔架

对角处在无斜撑时应加固。

5. 塔身顶升接高到规定锚固间距时，应及时增设与建筑物的锚固装置，塔身高出锚固装置的自由端高度，应符合出厂规定。

6. 塔式起重机作业过程中，应经常检查锚固装置，发现松动或异常情况时应立即停止作业，故障未排除不得继续作业。

7. 拆卸起重机时，应随着降落塔身的进程拆卸相应的锚固装置，严禁在落塔之前先拆锚固装置。

8. 遇有六级及以上大风时，严禁安装或拆卸锚固装置。

9. 锚固装置的安装、拆卸、检查和调整，均应由专人负责，工作时应系安全带和戴安全帽，并应遵守高处作业有关安全操作的规定。

10. 轨道式起重机作附着式使用时，应提高轨道基础的承载能力和切断行走机构的电源，并应设置阻挡行走轮移动的支座。

五、塔式起重机内爬升的操作规定

1. 内爬升作业应在白天进行。风力在五级及以上时，应停止作业。

2. 内爬升时，应加强机上与机下之间的联系以及上部楼层与下部楼层之间的联系，遇有故障及异常情况应立即停机检查，故障未排除不得继续爬升。

3. 内爬升过程中，严禁进行塔式起重机的起升、回转、变幅等各项动作。

4. 起重机爬升到指定楼层后，应立即拔出塔身底座的支撑梁或支腿，通过内爬升框架固定在楼板上，并应顶紧导向装置或用楔块塞紧。

5. 内爬升塔式起重机的固定间隔不宜小于3个楼层。

6. 对固定内爬升框架的楼层楼板，在楼板下面应增设支柱作临时加固。搁置起重机底座支撑梁的楼层下方两层楼板，也应设置支柱作临时加固。

7. 每次内爬升完毕后，楼板上遗留下来的开孔应立即采用钢筋混凝土封闭。

8. 起重机完成内爬升作业后，应检查内爬升框架的固定、底座支撑梁的紧固以及楼板临时支撑的稳固等，确认可靠后方可进行吊装作业。

六、塔式起重机安装后安全性能检查的规定

1. 检查塔式起重机所有安全装置是否灵敏有效，发现失灵的安全装置，应及时修复或更换，所有安全装置调整后应加封固定，以防擅自调整。

2. 配电箱应设置在轨道中部，电源电路中应装设错相及断相保护装置及紧急断电开关，电缆卷筒应灵活有效，不得拖缆。

3. 当同一施工地点有两台以上起重机时，应保持两机间任何接近部位（包括吊重物）距离不得小于 2 m。

4. 遇连续大雨天气，塔式起重机顶升或安装附着锚固装置之后，应检查混凝土基础是否有不均匀的沉降。

5. 塔式起重机试车前重点检查项目应符合的要求

（1）金属结构和工作机构的外观情况正常。

（2）各安全装置和各指示仪表齐全完好。

（3）各齿轮箱、液压油箱的油位符合规定。

（4）主要部位连接螺栓无松动。

（5）钢丝绳磨损情况及各滑轮穿绕符合规定。

（6）供电电缆无破损。

6. 试车送电前，各控制器手柄应在零位，当接通电源时，应采用试电笔检查金属结构部分，确认无漏电后，方可上机。

7. 试车时应进行空载运转，实验各工作机构是否运转正常，发现噪声及异响应检查排除。

8. 对于装有上、下两套操纵系统的塔式起重机，不得上、下同时运行。

9. 试车中当停电或电压下降时，应立即将控制器扳到零位，并切断电源，如吊钩上挂有重物，应反复稍松稍紧制动器，使重物缓慢地下降到安全地带。

10. 采用涡流制动调速系统的塔式起重机，不得长时间在低速挡或慢就位速度试运行。

11. 试车完毕后，塔式起重机起重臂应转到顺风方向，并松开回转制动器，小车及平衡重应置于非工作状态，吊钩升到离起重臂顶端2~3 m处，塔式起重机应停放在轨道中间位置。

12. 试车停机时，应将每个控制器拨回零位，依次断开各开关，关闭操纵室门窗。下机后，应锁紧夹轨器，使起重机与轨道固定，断开电源总开关，打开高空指示灯。

13. 检修人员上塔身、起重臂、平衡臂等高空部位检查或修理时，必须系好安全带。

14. 塔式起重机在无线电台、电视台或其他强电磁波发射天线附近施工时，与吊钩接触的安拆人员，应戴绝缘手套和穿绝缘鞋，并应在吊钩上挂接临时放电装置。

七、不得安装与使用的情况

出现下列情况之一，不得安装和使用：

1. 结构件上有可见裂纹和严重锈蚀的。
2. 主要受力构件存在塑性变形的。
3. 连接件存在严重磨损和塑性变形的。
4. 钢丝绳达到报废标准的。
5. 安全装置不齐全或失效的。

八、塔式起重机拆卸的操作规定

1. 塔式起重机拆卸作业宜连续进行，当遇特殊情况拆卸作业不能继续时，应采取措施保证塔式起重机处于安全状态。

2. 当用于拆卸作业的辅助起重设备设置在建筑物上时，应明确设置位置、锚固方法，并应对辅助起重设备的安全性及建筑物的承载能力等进行验算。

3. 拆卸前应检查主要结构件、连接件、电气系统、起升机构、回转机构、变幅机构、顶升机构等项目。发现隐患应采取措施，解决后方可进行拆卸作业。

4. 拆卸作业应根据专项施工方案要求实施，拆卸作业人员应分工明确、职责清楚，拆卸前应对拆卸作业人员进行安全技术交底。

5. 拆卸前塔式起重机的安全装置必须齐全，并应按程序进行调试合格。

6. 附着式塔式起重机应明确附着装置的拆卸顺序和方法。

7. 自升式塔式起重机每次降节前，应检查顶升系统和附着装置的连接情况等，确认完好后方可进行作业。

8. 拆卸时应先降节后拆除附着装置。

9. 拆卸完毕后，为塔式起重机拆卸作业而设置的所有设施应拆除，清理场地上作业时所用的吊索具、工具等各种零配件和杂物。

第四节　塔式起重机安装拆卸安全管理

塔式起重机安装拆卸安全管理是针对塔式起重机安拆过程可能产生的各种风险进行前期策划、预防措施、过程监控，以有效针对性管理，保证塔式起重机安装质量的符合性、拆卸的安全无误性。

塔式起重机安装方案是指导作业人员实施安装作业的重要性技术文件，是塔式起重机安装施工前期策划的重要内容，依据《建筑施工塔式起重机安装、使用、拆卸安全技术规程》（JGJ 196—2010）的规定，塔式起重机安装前应编制专项施工方案，方案内容和编制程序应符合规定的要求。

一、塔式起重机安装专项方案

塔式起重机安装专项方案应包括以下十六方面的内容：

1. 工程概况

工程概况包括项目名称、建设规模、建设工期、结构层数、结构跨度、起吊高度、塔式起重机现场位置平面布置图、周边建筑物、道路简况等。

2. 编制依据

主要包括国家和地方的法律法规，相关的技术规范标准，塔式起重机使用说明书，工程地质报告，企业安全质量管理制度及技术标准，以及相关方的要求等。

3. 安装位置平面图和立面图

根据施工现场部署的塔式起重机的台数、周边环境以及垂直运输安全条件，合理安排塔式起重机的基础位置并绘制立面示意图。塔式起重机的位置安排应考虑多台塔式起重机运行时无相互排他性。

4. 所选用的塔式起重机型号及性能技术参数

包括施工现场部署的塔式起重机台数、基本性能、相互影响情况。根据所选用的塔式起重机的使用说明书，阐述塔式起重机基本概况、技术参数、结构性能、生产日期、设计单位、制造单位等信息。

5. 基础和附着装置的设置

依据塔式起重机使用说明书的规定确定塔式起重机基础施工的具体要求、验收条件、注意事项。

依据塔式起重机使用说明书的规定确定塔式起重机附着装置每节的高度设置和距离、要求，确定与之相应高度的附着装置墙体预埋件的设置。

明确附着装置每次安装时的注意事项和要求，提出附着装置的最高限制。

6. 爬升工况及附着节点详图

爬升机构的技术工况因塔式起重机型号而异，其附着的距离及节点也不同，因此，应依据塔式起重机使用说明书的高度明确爬升工况及要求，并绘制附着节点详图。

7. 安装工艺程序及顺序

塔式起重机安装一般分为施工准备、安装、检验三个阶段，方案中应详细说明各个阶段的施工工艺。方案中应详细说明各个安装顺序的内容及要求。

8. 主要安装部件的重量和吊点位置

方案中应提出塔式起重机的主结构、起升装置、回转装置、保险装置、电气装置、运行控制装置等安装吊点的确立，特别是对起重臂、平衡臂、塔帽等关键性较大的部件的安装应明确吊点的位置及缆风绳控制措施等。

9. 安装辅助设备的型号、性能布置位置

根据塔式起重机构件安装的高度、最大起重结构件的重量、回转半径三个基本参数，选择与之匹配的起重设备、运输设备、工具用品等，特别是起重用汽车吊，宁大勿小，其他工具用品要齐全完好，满足作业需求，汽车吊的技术参数、工作性能、吊车的立足点（站位）等方面应详细明确，辅助起重机应在本地合格供方名录中选择，进场后应进行安全性能验证。

10. 电源及配电装置的设置

方案中应规定塔式起重机安装电源及配电装置执行的标准和规定，明确塔式起重机电源中性点直接接地的220/380 V 三相四线制低压电力系统，必须符合采用三级配电系统，采用 TN—S 接零保护系统，采用二级漏电保护系统的规定。

11. 施工人员配置

方案中应明确施工现场安全、质量管理人员和管理职责，明确现场安装总负责人、起重指挥和职责。方案中应合理配备安装作业、起重作业、塔式起重机司机、电工等施工作业人员及岗位职责。

12. 吊索具和专用工具的配备

依据塔式起重机主要部件尺寸及重量表，提出吊索具和专用工具品种、规格、数量的配备计划。

13. 安装安全质量要求

方案中应根据塔式起重机使用说明书的规定，提出高强度螺栓的规格、级别、扭矩及要求。明确安装质量控制关键节点及工序要求以及质量验收要求。明确塔式起重机的租赁单位、使用单位、维护单位等基本信息，明确各个单位的安全管理责任，特别是塔式起重机加节和附属装置的安装作业步骤和要领以及验收条件。

14. 塔式起重机安全装置的调试

塔式起重机安全装置是保证塔式起重机正常运行的关键部件，方案中应提出在塔式起重机安装完毕之后，在自检阶段应对其进行调试，明确调试应达到的技术参数要求。

15. 重大危险源和安全技术措施

方案中应提出在塔式起重机安装中可能产生的安全风险因素，对周围交通及环境影响因素进行辨识，从中排列出可能产生的重大危险源，并提出重大危险源的控制措施。

16. 应急预案

方案中应根据识别的重大危险源，可能产生的事件与事故，提出塔式起重机安装突发应急预案或现场应急处置方案，该方案应包括应急准备、应急响应，方案的制定应符合编制、审核、批准的程序要求。

二、塔式起重机拆卸施工专项方案

塔式起重机拆卸安全风险和技术难度要大于安装过程，由于拆卸塔式起重机时建筑物已建完，工作场地不如安装时宽敞等不利因素，极易造成拆卸风险难以受控，预防措施难以到位甚至被忽略等情况，因此，塔式起重机拆卸必须制定专项施工方案。

塔式起重机拆卸专项方案应包括下列内容：

1. 工程概况

工程概况应明确塔式起重机拆卸的施工单位、监理单位，塔式起重机使用单位和租赁的基本信息。

工程概况还包括塔式起重机拆卸施工地点，拆卸塔式起重机的型号、性能、高度、臂长、技术指标、设备状况及零部件外形尺寸、重量等相关数据，以便选定汽车吊及安拆作业方法。

2. 编制依据

主要包括国家和地方的法律法规、相关的技术规范标准、塔式起重机使用说明书、企业安全质量管理制度和技术标准，以及相关方的要求等。

3. 塔式起重机位置的平面图和立面图

根据塔式起重机现场位置平面布置图、周边建筑物、道路简况及垂直运输安全条件，合理安排塔式起重机拆卸摆放位置、水平运输设备，并绘制立面示意图。

提出塔式起重机拆卸对周边环境安全风险的规避，特别是对道路周边、居民集中区域影响因素的合理部署。

4. 拆卸顺序

明确塔式起重机拆卸顺序原则，与安装顺序相反，方法相同，注意事项不变：自上而下，先装后拆，后装先拆。以固定式塔式起重机拆卸顺序为例，拆卸顺序是：降低塔身标准节→拆卸附着装置→拆卸平衡重（保留一块）→拆卸起重臂→拆卸剩余平衡重→拆卸平衡臂→拆卸塔帽和驾驶室→拆卸上下支座总成（包括拆卸电气装置和钢丝绳）→拆卸套架及剩余标准节→拆卸基础节及底座。

5. 部件的重量和吊点位置

方案中应包括塔式起重机的主结构、起升装置、回转装置、保险装置、电气装置、运行控制装置等每个部件的重量及拆卸吊点的确立，特别是对起重臂、平衡臂、塔帽等关键性较大的部件的拆卸应明确吊点的位置及缆风绳控制措施等。

6. 拆卸辅助设备的型号、性能、布置位置

方案中应明确所拆卸塔式起重机建筑主体的长宽高、外形尺寸、结构形式，塔式起重机安装高度、附墙位置、拆除方法；选定使用拆卸塔式起重机的汽车吊，包括汽车吊的型号、基本工作性能、主要技术参数（性能表），以及汽车吊现场站位示意图。

根据现场实际状况，方案中应明确汽车吊作业中是否对周围建筑物、高压线和树木等产生影响，如有，应提出预防和控制措施。

7. 电源的设置

方案中应规定塔式起重机电源及配电装置拆卸顺序和要求。

8. 拆卸施工人员的配置

拆卸方案中应明确施工现场安全、质量管理人员和管理职责，明确现场安装总负责人、起重指挥及其职责。方案中应合理配备安装作业、起重作业、塔式起重机司机、电工等施工作业人员及岗位职责。

9. 吊索具和专用工具的配备

依据塔式起重机主要部件尺寸及重量表，提出吊索具和专用工具品种、规格、数量的配备计划。

10. 重大危险源和安全技术措施

在塔式起重机方案中如果包括了塔式起重机拆卸中的重大危险源和安全技术措施，就依照安装方案中提出的要求执行，如果没有提出，则要按塔式起重机拆卸中可能产生的重大危险源采取控制措施。

11. 拆卸突发事件应急预案

塔式起重机安装方案中涉及塔式起重机拆卸突发事件的应急预案或现场应急处置方案，就依照安装方案中提出的要求执行，如果没有提出，就应当制定塔式起重机拆卸预案，预案包括应急准备、应急响应，方案的制定应符合编制、审核、批准的程序要求。

三、塔式起重机安拆方案编制的基本程序

塔式起重机安装、拆卸专项施工方案可以分别编制，也可以综合编制。

塔式起重机安拆之前由塔式起重机单位编制塔式起重机安拆施工专项方案，项目总工程师对方案进行初步审核，审核与修改后报公司相关部门评审，评审修改后报公司总工程师批准，批准后报项目监理工程师。

方案批准后项目部要组织安拆人员进行方案交底，交底要履行签字手续。

安拆人员必须以方案规定的内容进行操作，安拆人员在操作过程中发现方案有缺失和矛盾之处的，技术人员应对方案进行修正，方案修正后由总工程师批准。

第五节　塔式起重机安装拆卸管理规定

一、对塔式起重机安装拆卸施工单位的规定

1. 从事塔式起重机安装、拆卸活动的单位（简称安拆单位）应当依法取得建设主管部门颁发的相应资质和建筑施工企业安全生产许可证，并在其资质许可范围内承揽塔式起重机的安装、拆卸工程。

2. 塔式起重机使用单位和安装单位应当在签订的塔式起重机安装、拆卸合同中明确双方的安全生产责任。

3. 实行施工总承包的，施工总承包单位应当与安装单位签订塔式起重机安装、拆卸工程安全协议书。

4. 安装拆卸单位应当履行下列安全职责：

(1) 编制塔式起重机安装、拆卸工程专项施工方案，并由本单位技术负责人签字。

(2) 按照安全技术标准及安装使用说明书等检查塔式起重机及现场施工条件。

(3) 组织安拆人员进行专项施工方案的技术交底并签字确认。

(4) 制定塔式起重机安装、拆卸工程突发事故应急处置预案。

(5) 将塔式起重机安拆专项施工方案、安拆人员名单等材料报总承包单位和监理单位审核。

5. 所有资料报审通过后，向塔式起重机安装所在地县级以上地方人民政府建设主管部门履行告知手续。

6. 按照塔式起重机安拆专项施工方案及安全操作规程组织塔式起重机的安装与拆卸作业。

7. 安装单位的专业技术人员、专职安全生产管理人员应当进行现场监督控制。

8. 塔式起重机安装完毕后，应当组织对塔式起重机进行自检、调试和试运转。

9. 塔式起重机自检后，由使用单位组织出租、安装、监理等有关单位进行初步验收。实行施工总承包的，由施工总承包单位组织初步验收。

10. 检验合格后，由安装单位委托具有相应资质的检验检测机构进行检验，负责对检验不合规项整改，直至取得检验合格证。

11. 安装单位应当建立塔式起重机安装、拆卸工程档案，其档案应包括以下资料：

（1）安装、拆卸合同及安全协议书。

（2）安装、拆卸工程专项施工方案。

（3）安全施工技术交底的有关资料。

（4）安装工程验收资料。

（5）安装、拆卸工程突发事故应急救援预案。

二、对出租单位的规定

1. 出租的塔式起重机应当具有特种设备制造许可证、产品合格证、制造监督检验证明。

2. 自购塔式起重机的使用单位在塔式起重机首次安装前，应当持特种设备制造许可证、产品合格证和制造监督检验证明到本单位工商注册所在地县级以上地方人民政府建设主管部门办理备案手续。

3. 出租单位应当在签订的塔式起重机租赁合同中，明确租赁双方的安全责任，并出具特种设备制造许可证、产品合格证、制造监督检验证明、备案证明和自检合格证明，提交安装使用说明书。

4. 有下列情形之一的塔式起重机不得出租、使用：

（1）属国家明令淘汰或者禁止使用的。

（2）超过安全技术标准或者制造厂家规定的使用年限的。

（3）经检验达不到安全技术标准规定的。

（4）没有完整安全技术档案的。

（5）没有齐全有效的安全保护装置的。

5. 出租单位或自购塔式起重机的使用单位，应当建立塔式起重机安全技术档案。塔式起重机安全技术档案应当包括以下资料：

（1）购销合同、制造许可证、产品合格证、制造监督检验证明、安装使用说明书、备案证明等原始资料。

（2）定期检验报告、定期自行检查记录、定期维护保养记录、维修和技术改造记录、运行故障和生产安全事故记录、累计运转记录等运行资料。

（3）历次安装验收资料。

三、对塔式起重机使用单位的规定

1. 塔式起重机必须经验收合格后方可投入使用，未取得检验合格证书的不得使用。

2. 使用单位应当自塔式起重机安装检验合格之日起 30 日内，将安装检验资料、塔式起重机安全管理制度、特种作业人员名单等，向塔式起重机所在地县级以上地方人民政府建设主管部门办理使用备案登记。

3. 备案登记标志置于或者附着于塔式起重机的显著位置。

4. 使用单位应当履行下列安全职责：

（1）根据不同施工阶段、周围环境以及季节、气候的变化，对塔式起重机采取相应的安全防护措施。

（2）制定塔式起重机生产安全事故应急救援预案。

（3）在塔式起重机活动范围内设置明显的安全警示标志，对集中作业区做好安全防护。

（4）设置相应的设备管理机构或者配备专职的设备管理人员。

（5）指定专职设备管理人员对塔式起重机使用状态进行监督检查。

（6）塔式起重机出现故障或者发生异常情况的，立即停止使用，消除故障和事故隐患后，方可重新投入使用。

5. 对在用的塔式起重机的工作性能、安全保护装置、吊具、索具等进行经常性和定期的检查、维护和保养，并做好记录。

6. 在塔式起重机租期结束后，应当将定期检查、维护和保养记录移交出租单位。塔式起重机租赁合同对塔式起重机的检查、维护、保养另有约定的从其约定。

7. 塔式起重机在使用过程中需要附着、顶升加节的，使用单位应当委托原安装单位或者具有相应资质的安装单位按照专项施工方案实施，并按照规定组织验收。

8. 禁止擅自在塔式起重机上安装非原制造厂制造的标准节和附着装置，不得在标准节上附着广告牌之类的阻风装置。

9. 施工总承包单位应当履行下列安全职责：

（1）向安装单位提供拟安装设备位置的基础施工资料，确保塔式起重机进场安装、拆卸所需的施工条件。

（2）审核塔式起重机的特种设备制造许可证、产品合格证、制造监督检验证明、备案证明等文件。

（3）审核安装单位、使用单位的资质证书、安全生产许可证和特种作业人员的特种作业操作资格证书。

（4）审核安装单位制定的塔式起重机安装、拆卸工程专项施工方案和生产安全事故应急救援预案。

（5）审核使用单位制定的塔式起重机生产安全事故应急救援预案。

（6）指定专职安全生产管理人员监督检查塔式起重机安装、拆卸、使用情况。

（7）施工现场有多台塔式起重机作业时，应当组织制定并实施防止塔式起重机相互碰撞的安全措施。

四、对监理单位的规定

1. 对塔式起重机安装拆卸工、起重信号工、起重司机、司索工等特种作业人员的有效资格进行验证。

2. 监理单位应当履行下列安全职责：

（1）审核塔式起重机特种设备制造许可证、产品合格证、制造监督检验证明、备案证明等文件。

（2）审核塔式起重机安装单位、使用单位的资质证书、安全生产许可证和特种作业人员的特种作业操作资格证书。

（3）审核塔式起重机安装、拆卸工程专项施工方案。

（4）监督安装单位执行塔式起重机安装、拆卸工程专项施工方案情况。

（5）监督检查塔式起重机的使用情况。

（6）发现存在生产安全事故隐患的，应当要求安装单位、使用单位限期整改，对安装单位、使用单位拒不整改的，及时向建设单位报告。

五、对建设单位的规定

1. 依法发包给两个及两个以上施工单位的工程，不同施工单位在同一施工现场使用多台塔式起重机作业时，建设单位应当协调组织制定防止塔式起重机相互碰撞的安全措施。

2. 安装单位、使用单位拒不整改生产安全事故隐患的，建设单位接到监理单位报告后，应当责令安装单位、使用单位立即停工整改。

3. 塔式起重机在安装拆卸或使用中发生危及人身安全的紧急情况时，建设单位应立即责令停止作业，并采取必要的应急措施后撤离危险区域。

六、塔式起重机安装拆卸和使用应执行的规定和技术规范及标准

《建筑起重机械安全监督管理规定》建设部令第 166 号

《建筑起重机械备案登记办法》建质［2008］76 号

《塔式起重机》（GB/T 5031—2008）

《塔式起重机安全规程》（GB 5144—2006）

《建筑施工塔式起重机安装、使用、拆卸安全技术规程》（JGJ 196—2010）

《起重机械定期检验规则》（TSG Q7015—2008）

《起重机械安全规程》（GB 6067—2010）

《塔式起重机操作使用规程》（JT/T 100—1999）

《建筑机械使用安全技术规程》（JGJ 33—2001）

《起重机钢丝绳保养、维护、安装、检验和报废规范》（GB/T 5972—2009）

《建筑桩基技术规范》（JGJ 94—2008）

《塔式起重机混凝土基础工程技术规程》（JGJ/T 187—2009）

《起重吊运指挥信号》（GB 5082—1985）

《施工现场机械设备检查技术规程》（JGJ 160—2008）

《起重机械安全评估技术规程》（JGJ/T 189—2009）

《施工现场临时用电技术规范》（JGJ 46—2005）

《建筑施工高处作业安全技术规范》（JGJ 80—1991）

第九章

塔式起重机维修保养及故障排除

塔式起重机的维修保养是保证人机安全，设备正常运行，延长使用寿命，减缓塔式起重机故障率的重要举措。

第一节　塔式起重机维护保养

塔式起重机的维护保养是指定期对塔式起重机进行的检查、调整、润滑、紧固、清洁和补给六项工作。主要包括日常维护保养、月检查保养。

一、日常维护保养

日常维护保养是塔式起重机司机工作的职责，负责在每班前后按使用说明书规定做好六项内容工作，同时对临时出现的故障进行排除和修理，检查主要以目测检查和功能测试为主。检查中发现的难以解决的问题应当报告使用单位技术人员并组织检修，检修和维护保养情况应当记入交接班记录。

日常维护保养的重点是对主要受力结构件、安全保护装置、工作机构、操纵机构、电气控制系统等进行清洁、润滑、检查、调整、更换失效的零部件。

日常维护保养应以“作业前安全操作规定”的内容为主，同时做好以下工作，以达到维护保养的全面性：

（1）检查并保持各机构的清洁，及时清扫各部分灰尘。

（2）检查并保持各减速器的油量，如低于规定油面高度应及时加油。

（3）检查并保持各减速机的透气塞通畅能充分排气。

（4）检查并保持各制动器的性能，如不灵敏可靠应及时调整。

（5）检查各连接处的螺栓，如有松动和脱落应及时紧固和增补。

（6）检查各种安全装置，如有失灵应及时调整，如有缺陷应更换。

（7）检查各部位钢丝绳，如发现过度磨损或超标情况应及时处理。

（8）检查各滑轮的运行情况，如发现运行阻滞或故障应及时处理。

（9）检查各润滑部位的润滑情况，及时添加润滑脂。

（10）塔式起重机基础应无积水状况，附着装置应牢固可靠。

二、月检查保养

塔式起重机月检查保养是强制性的，塔式起重机使用单位应自行执行，或与塔式起重机安装单位签订合同委托执行，每月对在用塔式起重机进行一次强制性安全检查保养，确保塔式起重机的安全使用性能，维护保养情况应当及时记入塔式起重机管理档案。

月检查保养一般包括以下内容：

（1）混凝土基础稳固无积水，地脚螺栓、附着装置稳固可靠。

（2）塔式起重机结构件整体或局部无变形、裂纹、锈蚀，销孔无塑性变形情况。

（3）结构件连接部位的销轴、螺栓、定位板、轴、孔等无缺陷。

（4）保持所有安全装置、防护装置、限制装置的完好状态。

（5）保持制动器的正常性能和零部件的正常磨损状态。

（6）保持钢丝绳、滑轮正常，钢丝绳尾端在卷筒固定稳固。

（7）保持吊钩闭锁装置、吊钩螺母及防松装置正常。

（8）保持指示装置的可靠性和精度。

（9）保持电气系统无漏电隐患，行程开关可靠，接地保护电阻符合要求。

（10）液压系统保持无卸油和漏油现象，必须及时更换补给液压油。

第二节　塔式起重机定期检查与维修

塔式起重机使用单位应根据《起重机械使用管理规则》（TSG Q5001—2009）的规定，自行组织技术专家或聘请有关机构技术专家对在用塔式起重机至少每月进行一次安全检查评估，使用单位应根据检查评估结果进行整改，并且对其整改结果负责。

当一个工程完成，塔式起重机拆卸后，塔式起重机使用单位或塔式起重机出租单位应组织技术人员和专业维修人员进行详细检查，并做好记录。

一、塔式起重机安全检查标准

根据《建筑施工安全检查标准》（JGJ 59—99）和《施工现场机械设备检查技术规程》（JGJ 160—2008）规定的检查内容，检查可采取评分制，见表 9—1。

表 9—1　　塔式起重机检查评分表

序号	检查项目		扣分标准	应得分数	扣减分数	实得分数
1	保证项目	力矩限制器	无力矩限制器，扣 13 分 力矩限制器不灵敏，扣 13 分	13		
2		限位器	无超高、变幅、行走限位的每项扣 5 分 限位器不灵敏的每项扣 5 分	13		
3		保险装置	吊钩无保险装置，扣 5 分 卷扬机滚筒无保险装置，扣 5 分 上人爬梯无护圈或护圈不符合要求，扣 5 分	7		
4		附着装置与夹轨钳	塔式起重机高度超过规定不安装附着装置的扣 10 分 附着装置安装不符合说明书要求的扣 3～7 分 无夹轨钳，扣 10 分 有夹轨钳不用，每处扣 3 分	10		
5		安装与拆卸	未制定安装拆卸方案的，扣 10 分 作业队伍没有取得资格证的，扣 10 分	10		
6		塔式起重机指挥	司机无证上岗，扣 7 分 指挥无证上岗，扣 4 分 高塔指挥不使用旗语或对讲机的，扣 7 分	7		

续表

序号	检查项目		扣分标准	应得分数	扣减分数	实得分数
7	一般项目	路基与轨道	路基不坚实、不平整、无排水措施，扣 3 分 枕木铺设不符合要求，扣 3 分 道钉与接头螺栓数量不足，扣 3 分 轨距偏差超过规定的，扣 2 分 轨道无极限位置阻挡器，扣 5 分 高塔基础不符合设计要求，扣 10 分	10		
8		电气安全	行走塔式起重机无卷线器或失灵的，扣 6 分 塔式起重机与架空线路小于安全距离又无防护措施的，扣 10 分 防护措施不符合要求，扣 2～5 分 道轨无接地、接零，扣 4 分 接地、接零不符合要求，扣 2 分	10		
9		多塔作业	两台以上塔式起重机作业无防碰撞措施，扣 10 分 措施不可靠，扣 3～7 分	10		
10		安装验收	安装完毕无验收资料或责任人签字，扣 10 分 验收单上无量化验收内容，扣 5 分	10		
检查项目合计				100		

二、塔式起重机的维修

塔式起重机的维修分为小修、中修、大修三个等级，塔式起重机的维修必须由具有相应资质的单位完成。

1. 小修（塔式起重机工作 1 000 h 以后进行）

（1）进行日常和月保养的各项工作。

（2）拆检清洗减速机的齿轮，调整齿侧间隙。

（3）清洗开式传动的齿轮，调整后涂抹润滑脂。

（4）检查和调整回转支撑装置。

（5）检查和调整制动器和安全装置。

（6）检查吊钩、滑轮和钢丝绳的磨损情况，必要时进行调整、修复和更改。

（7）检查电气系统绝缘和灵敏度，测试接地电阻。

（8）对塔式起重机的结构件焊缝经常进行检查。

2. 中修（塔式起重机工作 4 000 h 以后进行）

（1）进行小修的各项工作。

（2）修复或更改各联轴器的损坏件。

（3）修复或更换制动带。

（4）更换钢丝绳、滑轮等。

（5）检查回转支撑部分各连接螺栓，必要时更换高强度螺栓。

（6）除锈、油漆。

3. 大修（塔式起重机工作 8 000 h 以后进行）

（1）进行小修和中修的各项工作。

（2）修复或更换制动轮、制动器等。

（3）修复或更换减速机总成。

（4）修复或更换回转支撑总成。

三、维修与保养中的注意事项

1. 钢丝绳的维护保养

（1）钢丝绳在使用过程中，应防止钢丝绳打环、扭结、弯折或粘上杂物，防止与机械或其他杂物摩擦。

（2）塔式起重机安装完毕，使用前应对钢丝绳进行全面润滑。

（3）钢丝绳在首次使用中发现卷绳扭结时，应采取措施对其松绕放劲。

（4）钢丝绳的报废应根据《起重机钢丝绳保养、维护、安装、检验和报废》（GB/T 5972—2009）规定执行。

2. 安全装置调整与维修

塔式起重机司机必须经常检查安全限制器的灵敏程度及有效情况，如发现失灵应及时调整或维修，绝不允许将限制器线路拆掉或放大安全系数。

3. 回转支撑装置的保养

（1）使用中应注意运行声音的变化和回转阻力矩的变化，如有不正常现象应拆检。

（2）为确保螺栓工作的可靠性，避免螺栓预紧力的不足，回转支撑工作的第一个 100 h 和 500 h 后，均应分别检查螺栓的预紧扭矩。此后每工作 1 000 h 应检查一次预紧扭矩。

（3）在回转支撑的齿圈上表面对准滚道的部位均布了 4 个油杯，由此向滚道内添加润滑脂。在一般情况下，回转支撑运转 50 h 润滑一次。每次加油必须加足，直至从密封处渗出油脂为止。

（4）回转支撑必须水平起吊或存放，切勿垂直起吊或存放，以免变形。

（5）每工作 10 个班次应清除一次齿面杂物，并重新涂上润滑脂。

（6）回转支撑的支座（支撑齿圈下底面的座子和置于内座圈上表面的座子）必须有足够的刚性，安装面应平整。装配回转支撑的支座应进行去应力处理，减少回转支撑支座的变形。装配时支座和回转支撑的接触面必须清理干净。

（7）回转支撑的支座连接螺栓在完全拧紧以前，应进行齿轮的啮合检查，其啮合状况应符合齿轮精度的要求，即齿轮副在轻微的制动下运转后齿面上分布的接触斑点在齿轮高度方向上不小于25%，在齿轮长度方向上不小于30%。

（8）连接回转支撑的螺栓和螺母均采用高强度螺栓和螺母，并采用双螺母紧固和防松。安装前应将螺栓螺纹端面涂上润滑脂，紧固时应对称均匀多次拧紧，最后一次拧紧应达到规定的力矩。

4. 塔式起重机钢结构的保养

（1）检查塔式起重机钢结构架体的连接高强度螺栓，防止松动。螺栓应进行扭矩检验，发现松动及时紧固。

（2）塔式起重机租赁单位应对塔式起重机的钢结构架体及附着装置进行每年不少于一次的保养，或在塔式起重机转场保养中对其进行表面除锈、涂漆。

（3）在每天作业前对各安全装置进行检查，防止因腐蚀导致受力构件的强度降低。

（4）塔式起重机在转场运输过程中应尽量设法防止结构件变形和碰撞损坏。

（5）塔式起重机各机构装置安装部位应定期进行检查，发现开焊及时补焊。

第三节　塔式起重机故障判断及处置

一、塔式起重机运行中的常见故障及排除

塔式起重机运行中的常见故障判断和处置方法见表9—2。

表 9—2　　塔式起重机运行中的常见故障判断和处置方法

部位	故障现象	产生原因	排除方法
钢丝绳	磨损太快	①滑轮不转②绳槽与绳径不匹配	①检修或更换滑轮②更换钢丝绳或滑轮
吊钩	裂纹、变形、磨损、	质量不好	更换
减速器	噪声大	①齿轮啮合不良，间隙大②轴承磨损	①调整或更换齿轮②更换轴承
	温升过高	①装配不好②润滑油不合适	①调整②增减润滑油
	漏油	①油封失效②轴径磨损，与减速箱外壳间隙过大	①更换油封②修复减速箱壳
制动器	制动失灵	①制动轮与制动瓦间隙大②制动轮表面有油污③弹簧压力不足	①调整间隙②清洗制动轮与制动瓦表面③调节或更换
	发热冒烟	制动轮与制动瓦未脱开	调整间隙
回转支撑	转动困难	滚道擦伤，滚子压碎	修磨滚道或更换滚子
铰点销轴	噪声或振动	①缺少润滑油②安装不正确	①加油②调整
安全装置	失灵	①检测装置失效或损坏②行程开关损坏③线路故障	①修复或更换②修复或更换③修复

续表

部位	故障现象	产生原因	排除方法
金属结构	变形、开裂	①超载或加工质量不好②碰撞	修复补强或报废更换
液压件	早期损坏	过滤器损坏或失效	更换
液压泵	压力不足	①泵损坏②溢流阀失灵	修复或更换泵、阀
电动机	电动机不转	①电动机烧坏或缺相②控制线路故障	①接好三相电源，更换电动机②修复线路
	声音不正常	①缺相运行②定子或转子断路③轴承缺油或磨损	①接好三相电源②修复电动机③加油，换轴承
	温升高	①缺相运行②超负荷运行或频率过高③电源电压低④通风不良⑤抱闸过紧	①接好三相电源②减少超载运行，扩大频率范围③停止工作④改善通风⑤调节制动器
接触器	经常断电	①辅助触头压力大②接触不良	①调整压力②修磨触头
集电环	经常断电	电刷与集电环接触不良	修复或更换
电缆卷筒	经常断电	电刷与集电环接触不良	修复或更换
线路	不执行或执行不符	①断线、混线②接触器、断电器失灵③安全开关未接通④过电流电器失灵	逐项检查，并予以相应修理
主令控制	手柄转不动	卡住	检修

二、金属结构缺陷的判断及处置

金属结构缺陷的判断和处置方法见表 9—3。

表 9—3　　金属结构缺陷的判断和处置方法

序号	故障现象	故障原因	处置方法
1	焊缝和母材开裂	超载严重，工作过于频繁产生比较大的疲劳应力，焊接不当或钢材存在缺陷等	严禁超负荷运行，经常检查焊缝，更换损坏的结构件
2	结构件变形	结构件内阴角有积水，运输吊装时发生碰撞，安装拆卸方法不当	保持结构件阴角无积水，结构件运输中无碰撞，确保安装拆卸无碰撞
3	高强度螺栓连接松动	高强度螺栓等级不够，预紧力矩不够	按规定选择相应等级的高强度螺栓，按规定力矩拧紧高强度螺栓，并定期检查、紧固
4	销轴退出或脱落	开口销未打开致使销轴退出	检查，打开开口销
5	塔式起重机基础节腐蚀	塔式起重机基础节积水	检查，排水，进行防腐处理

三、钢丝绳、滑轮的故障判断及处置

钢丝绳、滑轮的故障判断和处置方法见表 9—4。

表 9—4　　钢丝绳、滑轮故障的判断和处置方法

序号	故障现象	故障原因	处置方法
1	钢丝绳磨损不正常	钢丝绳滑轮磨损严重或者无法转动	检修或更换滑轮
		滑轮绳槽与钢丝绳直径不匹配	调整使之匹配
		钢丝绳穿绕不准确、啃绳、爬绳	重新穿绕、调整钢丝绳

续表

序号	故障现象	故障原因	处置方法
2	滑轮异响	滑轮偏斜或移位、滑轮润滑不良	调整滑轮间隙与位置、润滑
3	钢丝绳经常脱槽	钢丝绳与滑轮不匹配	更换合适的钢丝绳或滑轮
		防脱装置不起作用	检修钢丝绳防脱装置
4	滑轮不转及松动	滑轮缺少润滑，轴承损坏	经常保持润滑，更换损坏的轴承

四、电气系统故障的判断及处置

电气系统故障的判断和处置方法见表9—5。

表9—5　　电气系统故障的判断和处置方法

序号	故障现象	故障原因	处置方法
1	电动机不运转	缺相	查明原因
		过电流继电器动作	检查，调整，复位
		低压断路器失灵	检查，复位，更换
		定子回路断路	检查拆修电动机
2	电动机有异响	相间轻微短路或转子回路缺相	查明原因、正确接线
		电动机轴承破损	更换轴承
		转子回路的串接电阻断开，接地	更换或修复电阻
		转子电刷接触不良	更换电刷
3	电动机温升过高	电动机转子回路有短路现象	检查测量电动机转子回路
		电源电压低于额定值	暂停工作
		电动机冷却风扇损坏	修复风扇

续表

序号	故障现象	故障原因	处置方法
3	电动机温升过高	电动机通风不良	改善通风条件
		电动机转子缺相运行	查明原因，接好电源
		定子、转子间隙过小	调整定子、转子间隙
4	电动机烧毁	操作不当，低速运行时间较长	缩短低速运行时间
		电动机老化，定子铁芯损坏	报废
		电动机接线装置损坏、漏电使转子烧毁	修复串接接线装置和电阻
		电压过高或过低	检查供电电压
		转子运转失衡，碰擦定子（扫膛）	更换转子轴承
		主回路电气元件损坏或线路短路、断路	检查修复主回路电气元件或线路
5	电动机输出功率不足	线路电压过低	暂停工作
		电动机缺相	查明原因，正确接线
		制动器没有完全松开	调整制动器
		转子回路断路、短路、接地	检修转子回路
6	按下启动按钮，主接触器不吸合	工作电源未接通	检查塔式起重机电源开关箱，接通
		电压过低	暂停工作
		过电流继电器辅助触头断开	查明原因，复位
		主接触器线圈烧坏	更换主接触器
		操作手柄不在零位	将操作手柄归零
		主启动控制线路断路	排查主启动控制线路
		启动按钮损坏	更换启动按钮

续表

序号	故障现象	故障原因	处置方法
7	控制线路开关自动断开	控制回路线路短路、接地	排查控制回路线路
8	接触器噪声大	衔铁心表面积尘	清除表面污物
		短路环损坏	更换修复
		主触点接触不良	修复或更换
		电源电压较低，吸力不足	测量电压，暂停工作
9	吊钩只下降不上升	起重量、高度、力矩限制器误动作	修复、调整或更换限位装置
		起升控制线路断路	排查起升控制线路
		接触器损坏	更换接触器
10	吊钩只上升不下降	下降控制线路断路	排查下降控制线路
		接触器损坏	更换接触器
11	回转只朝同一方向动作	回转限位误动作	重新调整回转限位
		回转线路断路	排查回转线路
		回转接触器损坏	更换接触器
12	变幅只向后不向前动作	变幅限位误动作	调整或更换变幅限位装置
		变幅向前控制线路断路	排查变幅向前控制线路
		变幅接触器损坏	更换接触器
13	变幅只向前不向后	变幅向后控制线路断路	排查变幅向后控制线路
		变幅接触器损坏	更换接触器
14	带涡流制动器的电动机低速挡速度变快	整流器击穿	更换整流器
		涡流线圈烧坏	更换或修复线圈
		线路故障	检查修复
15	塔式起重机工作时经常跳闸	漏电保护器误动作	检查漏电保护器
		线路短路、接地	排查线路、修复
		工作电源电压过低或压降较大	测量电压，暂停工作

五、液压系统故障的判断及处置

液压系统故障的判断和处置方法见表9—6。

表9—6　　液压系统故障的判断和处置方法

序号	故障现象	故障原因	处置方法
1	顶升时颤动且噪声大	液压系统中混有空气	排气
		油泵吸空	加油
		机械机构、液压缸零件配合过紧	检修、更换
		系统中内漏或油封损坏	检修或更换油封
		液压油变质	更换液压油
2	带载后液压缸下降	双向液压锁或节流阀不工作	检修、更换
		液压缸泄漏	检修，更换密封圈
		管路或接头漏油	检查，排除，更换
3	带载后液压缸停止升降	双向液压锁或节流阀失灵	检修、更换
		与其他机械机构有挂卡现象	检查，排除
		手动液控阀、溢流阀损坏	检查，更换
4	顶升缓慢	单向阀流量调整不当或失灵	调整检修或更换
		油箱液位低	加油
		液压泵内漏	检修
		手动换向阀换向不到位或阀泄漏	检修，更换
		液压缸泄漏	检修，更换密封圈或油封
		液压管路泄漏	检修，更换
		油温过高	停止作业，冷却系统
		油液杂质较多，滤油网堵塞影响吸油	清洗滤网，过滤或更换液压油

续表

序号	故障现象	故障原因	处置方法
5	顶升无力或不能顶升	油箱存油量过低	加油
		液压泵反转或效率下降	调整，检修
		溢流阀卡死或弹簧断裂	检修，更换
		手动换向阀换向不到位	检修，更换
		油管破损或漏油	检修，更换
		滤油器堵塞	清洗，更换
		溢流阀调整压力过低	调整溢流阀
		液压油进水或变质	排水，更换液压油
		液压系统排气不完全	排气
		其他机构干涉顶升机构正常工作	检查排除影响因素

六、起升机构故障的判断及处置

起升机构故障的判断和处置方法见表9—7。

表9—7　起升机构故障的判断和处置方法

序号	故障现象	故障原因	处置方法
1	卷扬机构声音异常	接触器缺相或损坏	更换接触器
		减速机齿轮磨损、啮合不良、轴承破损	更换齿轮或轴承
		联轴器连接松动或弹性套磨损	紧固螺栓或更换弹性套
		制动器损坏或调整不当	更换或调整制动装置
		电动机故障	排除电气故障

续表

序号	故障现象	故障原因		处置方法
2	吊物下滑（溜钩）	制动器刹车片间隙调整不当		调整间隙
		制动器刹车片磨损严重或有油污		更换刹车片，清除油污
		制动器推杆行程不到位		调整行程
3	制动副脱不开	闸瓦式	制动器液压泵电动机损坏	更换电动机
			制动器液压泵损坏	更换元件
			制动器液压推杆锈蚀	修复或更换元件
			机构间隙调整不当	按规定调整机构间隙
			制动器液压泵油液变质	更换新油
		盘式	间隙调整不当	调整间隙
			刹车线圈电压不正常	检查线路电压
			离合器片破损	更换离合器片
			刹车线圈损坏或烧毁	更换线圈

七、回转机构故障的判断及处置

回转机构故障的判断和处置方法见表9—8。

八、变幅机构故障的判断及处置

变幅机构故障的判断和处置方法见表9—9。

表 9—8　　回转机构故障的判断和处置方法

序号	故障现象	故障原因	处置方法
1	回转电动机异响，回转无力	液力耦合器漏油或油量不足	检查修堵，补充液力耦合器油液
		液力耦合器损坏	更换液力耦合器
		减速机齿轮或轴承破损	更换齿轮或轴承
		液力耦合器与电动机连接的胶垫破损	更换胶垫
		电动机故障	查找电气故障
2	回转支撑有异响	大齿圈润滑不良	加油润滑
		大齿圈与小齿轮啮合间隙不当	调整间隙
		滚动体或隔离损坏	更换损坏部件
		滚道面点蚀、剥落	修整滚道
		高强度螺栓预紧力不一致，差别较大	调整预紧力
3	臂架和塔身扭摆严重	减速器故障	检修减速器
		液力耦合器油量油压过大	调整液力耦合器油量、油压
		齿轮啮合或回转支撑不良	修整

表 9—9　　变幅机构故障的判断和处置方法

序号	故障现象	故障原因	处置方法
1	回转电动机有异响，回转无力	减速机齿轮或轴承破损	更换
		减速机缺油	查明原因，检修，加油
		钢丝绳过紧	调整钢丝绳松紧度
		联轴器弹性套磨损	更换
		电动机故障	查找电气故障
		小车滚轮轴承或滑轮破损	更换轴承

续表

序号	故障现象	故障原因	处置方法
2	回转支撑有异响	钢丝绳穿绕过紧	重新适度张紧
		滚轮轴承润滑不好，运动偏心	修复
		轴承损坏	更换
		制动器损坏	检查，修复更换
		联轴器连接不良	调整、更换
		电动机故障	查找电气故障

九、行走系统故障的判断及处置

行走系统故障的判断和处置方法见表9—10。

表9—10　　行走系统故障的判断和处置方法

序号	故障现象	故障原因	处置方法
1	运行时啃轨严重	轨距铺设不符合要求	按规定调整轨距
		钢轨规格不匹配，轨道不平直	按标准选择钢轨，调整轨道
		台车框轴转动不灵活，轴承润滑不良	保持轴承润滑运行正常
		啃轨严重，阻力较大，轨道坡度较大	重新校准轨道
		轨道轨距误差大	调整轨道轨距
2	驱动困难	行走驱动装置损坏	修复、更换行走驱动装置
		轴套磨损严重，轴承破损	更换
		电动机故障	查找电气故障
3	停止时晃动过大	延时制动失效，制动器调整不当	调整修复
4	大车行走异响不同步	台车行走电动机不同步	更换同型号电动机，保持转速一致

第四节　塔式起重机安全事故应急处置

一、事故应急处置措施

1. 塔式起重机机体失稳倾翻事故的应急处置

（1）原因判断

地基承载能力下降，局部下沉使机体失稳倾斜；两机抬吊时指挥或操作不当使重力失衡；机体在斜坡作业或垫护不牢，塔式起重机失稳。

（2）救援措施

查看现场有无人员受伤，若有伤者应立即采取相应措施抢救，联系就近医院或 120 急救中心；塔式起重机处于倾翻前，疏散危险区域人员，封堵道路，禁止通行，采取压顶、吊、拉的方式控制机体倾翻；塔式起重机处于倾翻后，采取顶、拉、支护等措施防止倾翻程度加大；就近租用或内部调派相应能力的起重机现场救助扶正机体；排除造成机体倾翻的因素。

2. 塔式起重机臂杆倒塌、折杆事故的应急处置

（1）原因判断

钢丝绳跳出滑轮卡拽倒臂杆；钢丝绳断丝磨损超标，变幅时失控，臂杆自由下垂倒地；重负荷降落臂杆变幅制动失灵，臂杆加速下降折断；起重臂杆放落或起升时操作不当或因机械缺陷折断臂杆。

（2）救援措施

查看现场有无人员受伤，若有伤者应立即采取相应措施抢救，联系就近医院或 120 急救中心；采取吊、拦、顶的方式，控制、抢救被损塔式起重机和设施；更换损坏臂杆，检查修复被损部件和设施，恢复施工；排除造成臂杆倒折的因素。

3. 塔式起重机臂杆后倾折翻事故的应急处置

（1）原因判断

轨道动臂式塔式起重机行走时臂杆仰角过大，地基不明原因突然下沉，臂杆猛然后倾折翻；起重臂杆仰角过大，吊重物时吊具失灵；起重臂杆仰角过大，塔式起重机行走时轨道坑洼不平，机体后倾带翻臂杆。

（2）救援措施

查看现场有无人员受伤，若有伤者应立即采取相应措施抢救；联系就近医院或 120 急救中心；采取吊、拉、提、顶的方式控制、抢救被损塔式起重机和设施；修复被损设备和设施，恢复施工；排除不利因素保证塔式起重机行驶安全。

4. 塔式起重机臂杆触电事故的应急处置

（1）原因判断

塔式起重机臂杆或钢丝绳与高压电弧安全距离不够；两机抬吊时指挥或操作失误或失控；顺风力操作时电弧安全距离控制系数没有加大。

（2）救援措施

尽快切断电源，切断道路，禁止车辆及人员通过；抢救受伤人员，联系就近医院或 120 急救中心；断电救人后，抢救被损设施，全面检查设备，确保安全后恢复施工。

二、塔式起重机安拆事故案例分析

1. 事故简介

在某花园工地，某建筑公司机运站私招 5 名工人，拆除一台 QTG40 塔式起重机。导致起重臂、平衡臂、顶升套架、回转机构、塔顶等部件从 30 m 高处坠落，造成 3 人死亡，1 人受伤，塔式起重机整机报废的起重机械事故。塔式起重机安拆事故状态如图 9—1 所示。

2. 事故发生经过

某花园工地在拆卸一台 QTG40 塔式起重机过程中，此台塔

图 9—1　塔式起重机安拆事故状态

式起重机的产权拥有者李××将塔式起重机的拆除工程承包给××市某建筑公司机运站维修安装电工石××，石××私招 5 名工人进行拆卸。在塔式起重机未进行调整平衡力矩的情况下，司机徐××违章作出回转动作和变幅小车向内运行的动作并调整顶升套架滚轮与塔式起重机之间的间隙。此时另一个安装工人开动了液压顶升系统进行顶升，液压油管突然爆裂，平衡臂折断后砸向塔身后部，造成塔身剧烈晃动，致使顶升外架结构部分严重变形，失去支撑能力，继而塔式起重机起重臂、回转机构、顶升套架、塔顶等部件整体坠落，塔身折断。在顶升套架作业的人员，除 1 人幸免外，其余 4 人 3 死 1 伤，酿成悲剧。

3. 事故原因分析

（1）从技术方面分析

在塔式起重机未进行调配平衡力矩的情况下，司机违章作出回转动作和变幅小车向内运行的动作，造成起重臂与配重臂的前后力矩不平衡。此时另一个安装工人开动了液压顶升系统进行顶升，在塔式起重机力矩不平衡的情况下顶升作业，加大了塔身的不稳定性，导致液压油管突然爆裂，平衡臂折断后砸向塔身后部，造成塔身剧烈晃动，致使顶升结构严重变形，失去支撑能力，继而塔式起重机起重臂、回转机构、顶升套架、塔顶等部件整体坠落，塔身折断。

（2）从管理方面分析

按照规定，安装塔式起重机应由具有相应资质条件的施工单位承担，并设指挥人员，作业前应编制方案。而该项工程的操作人员无专业知识，无从事这一特种工作的能力，野蛮操作，严重违反操作规程；现场无监管、无指挥，致使司机与操纵顶升机构的人员同时违章操作。这是此次事故的管理原因。

4. 事故的结论与教训

这是一起因严重违法和违章引起的事故。

（1）产权拥有者无视法规将任务承包给无能力、无资质的个人，应负主要责任。

（2）施工组织者严重违法，盲目组织人员进行作业，应负主要责任。

（3）操作者无专业知识，野蛮操作，两人同时违章，酿成事故，自己身亡，教训惨痛。

（4）现场无监督管理和指挥协调，管理混乱，各工种操作随意，工程管理人员应负管理责任。

上述四种危险因素同时存在使这起事故的发生成为必然，教训十分深刻。

5. 事故的预防对策

塔式起重机的安装与拆卸是一项危险性高且专业技术性很强的工作，必须由具有相应资质、专业知识和经验的队伍来完成。各种塔式起重机的构造形式、安装要求均有所不同，所以除了有专业知识外，还必须认真查看图样和说明书，有针对性地制定拆卸方案，进行必要的培训，做好安全防护，实施严密的安全监控，统一指挥，各司其职。

第十章

起重吊运指挥信号

在塔式起重机安装拆卸起重安全作业中，起重信号具有统一性、指令性，是塔式起重机安拆中重要的起重元素，因此，塔式起重机安拆工作的相关人员必须掌握起重指挥信号，保证塔式起重机安拆和运行安全。

第一节　起重指挥信号

起重指挥信号是指起重手势信号、旗语信号、音响信号、语言信号（对讲机）四种形式的指挥信号。

一、名词术语

通用手势信号是指各种类型的起重机在起重吊运中普遍适用的指挥手势。

专用手势信号是指具有特殊的起升、变幅、回转机构的起重机单独使用的指挥手势。

吊钩是指空钩以及负有荷载的吊钩。

起重机“前进”是指起重机向指挥人员开来，“后退”是指起重机离开指挥人员。

前、后、左、右在指挥语言中，均以司机所在位置为基准。

音响符号如下：

“——”表示大于1 s的长声符号。

"●"表示小于1 s的短声符号。

"○"表示停顿的符号。

二、指挥人员使用的信号

1. 起重手势信号

起重手势信号分为通用手势信号和专用手势信号两种。

(1) 通用手势信号

1)"预备"(注意)。手臂伸直，置于头上方，五指自然伸开，手心朝前保持不动，如图10—1所示。

2)"要主钩"。单手自然握拳，置于头上，轻触头顶，如图10—2所示。

图10—1 预备　　图10—2 要主钩

3)"要副钩"。一只手握拳，小臂向上不动，另一只手伸出，手心轻触前只手的肘关节，如图10—3所示。

4)"吊钩上升"。小臂向侧上方伸直，五指自然伸开，高于肩部，以腕部为轴转动，如图10—4所示。

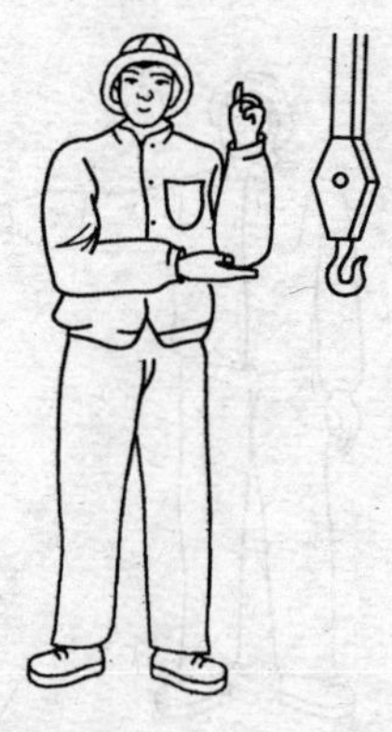

图 10—3　要副钩

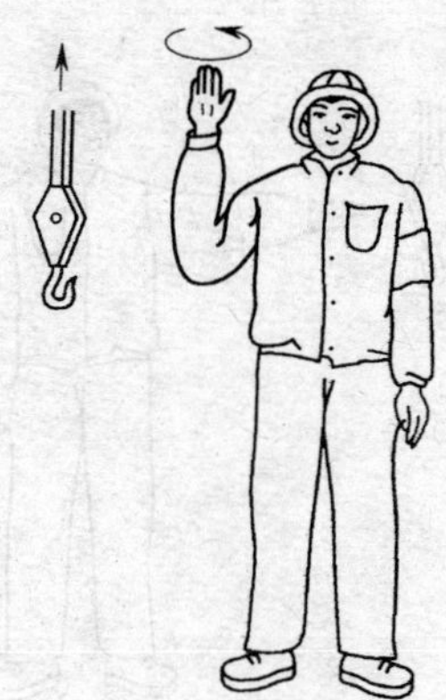

图 10—4　吊钩上升

5）“吊钩下降”。手臂伸向侧前下方，与身体成约 30°，五指自然伸开，以腕部为轴转动，如图 10—5 所示。

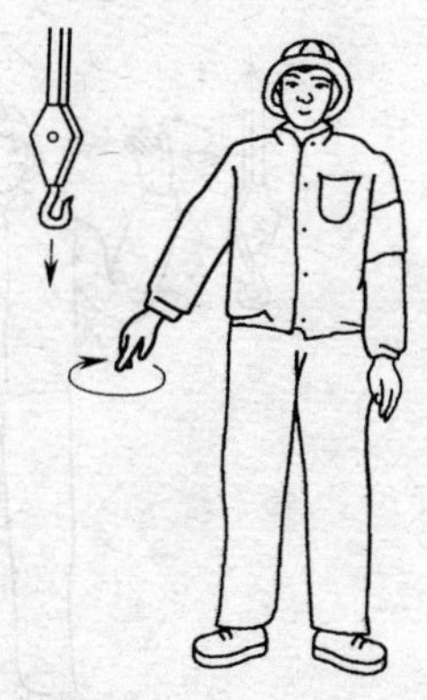

图 10—5　吊钩下降

6）“吊钩水平移动”。小臂向侧上方伸直，五指并拢手心朝外，朝负载应运行的方向，向下挥动到与肩相平的位置，如图 10—6 所示。

7）“吊钩微微上升”。小臂伸向侧前上方，手心朝上高于肩部，以腕部为轴，重复向上摆动手掌，如图 10—7 所示。

8）“吊钩微微下落”。手臂伸向侧前下方，与身体成约 30°，手心朝下，以腕部为轴，重复向下摆动手掌，如图 10—8 所示。

9）“吊钩水平微微移动”。小臂向侧上方自然伸出，五指并拢手心朝外，朝负载应运行的方向，重复做缓慢的水平运动，如图 10—9 所示。

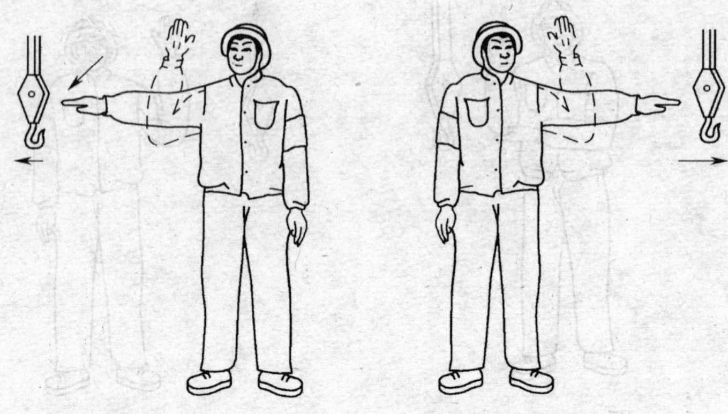

图 10—6　吊钩水平移动

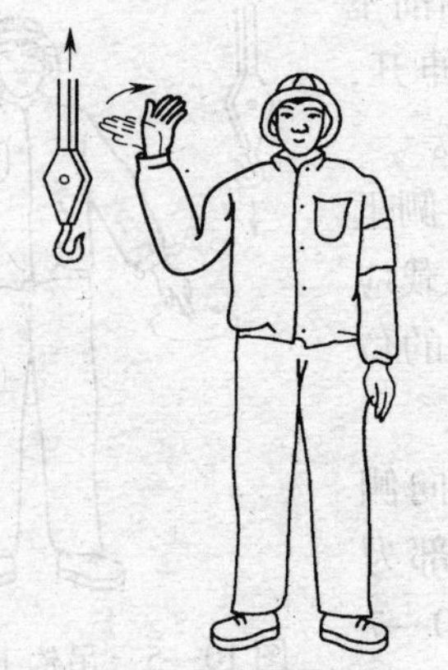

图 10—7　吊钩微微上升

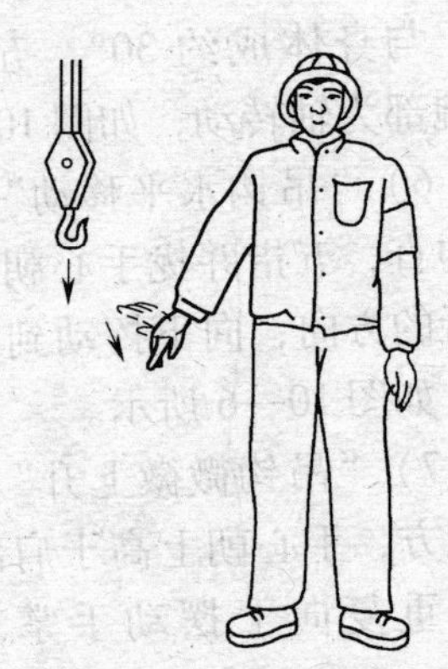

图 10—8　吊钩微微下降

10）“微动范围”。双小臂曲起，伸向一侧，五指伸直，手心相对，其间距与负载所要移动的距离接近，如图 10—10 所示。

11）“指示降落方位”。五指伸直，指出负载应降落的位置，如图 10—11 所示。

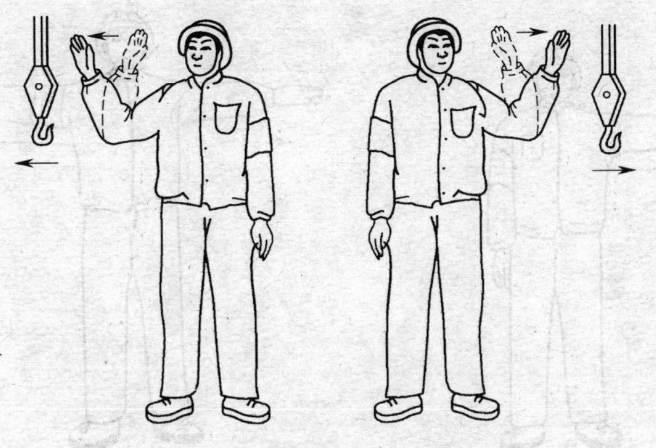

图 10—9　吊钩水平微微移动

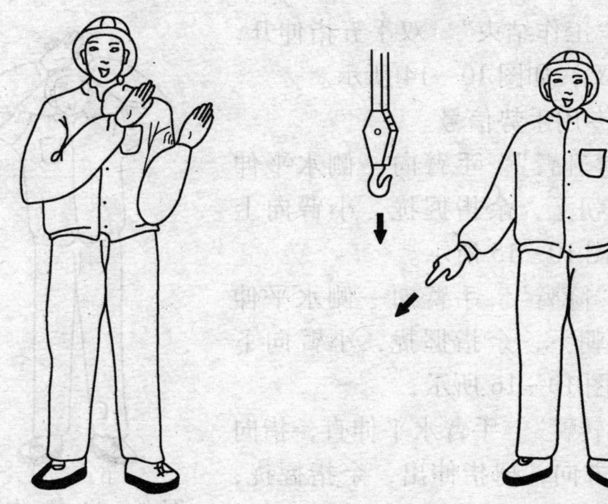

图 10—10　微动范围　　　　图 10—11　指示降落方位

12）“停止”。小臂水平置于胸前，五指伸开，手心朝下，水平挥向一侧，如图 10—12 所示。

13）“紧急停止”。两小臂水平置于胸前，五指伸开，手心朝下，同时水平挥向两侧，如图 10—13 所示。

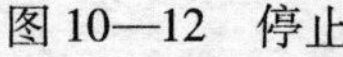
图 10—12　停止

图 10—13　紧急停止

14）“工作结束”。双手五指伸开，在额前交叉，如图 10—14 所示。

图 10—14　工作结束

（2）专用手势信号

1）“升臂”。手臂向一侧水平伸直，拇指朝上，余指握拢，小臂向上摆动，如图 10—15 所示。

2）“降臂”。手臂向一侧水平伸直，拇指朝下，余指握拢，小臂向下摆动，如图 10—16 所示。

3）“转臂”。手臂水平伸直，指向应转臂的方向，拇指伸出，余指握拢，以腕部为轴转动，如图 10—17 所示。

4）“微微伸臂”。一只小臂置于胸前一侧，五指伸直，手心朝下，保持不动，另一只手的拇指对着前手手心，余指握拢，做上下移动，如图 10—18 所示。

5）“微微降臂”。一只小臂置于胸前一侧，五指伸直，手心朝上，保持不动，另一只手的拇指对着前手手心，余指握拢，做上下移动，如图 10—19 所示。

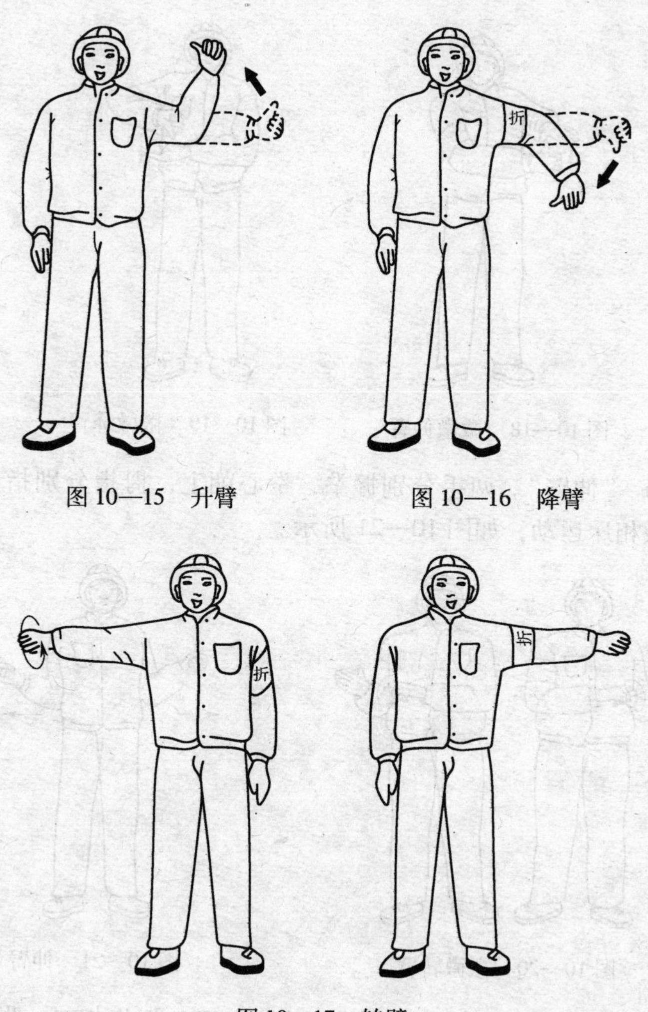

图 10—15　升臂　　图 10—16　降臂

图 10—17　转臂

6）“微微转臂”。一只小臂向前平伸，手心自然朝向内侧。另一只手的拇指指向前只手的手心，余指握拢做转动，如图 10—20 所示。

图 10—18　微微伸臂

图 10—19　微微降臂

7）“伸臂”。两手分别握拳，拳心朝上，拇指分别指向两侧，做相斥运动，如图 10—21 所示。

图 10—20　微微转臂

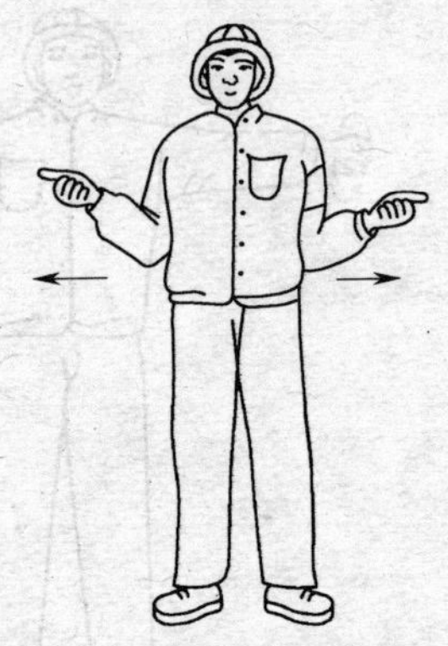

图 10—21　伸臂

8）“缩臂”。两手分别握拳，拳心朝下，拇指相对，做相向运动，如图 10—22 所示。

9）“起重机回转”。一只小臂水平前伸，五指自然伸出不动。另一只小臂在胸前作水平重复摆动，如图 10—23 所示。

图 10—22　缩臂　　　　图 10—23　起重机回转

10）“起重机前进”。双手臂先前平伸，然后小臂曲起，五指并拢，手心对着自己，做前后运动，如图 10—24 所示。

图 10—24　起重机前进

11）“起重机后退”。双小臂向上曲起，五指并拢，手心朝向起重机，做前后运动，如图 10—25 所示。

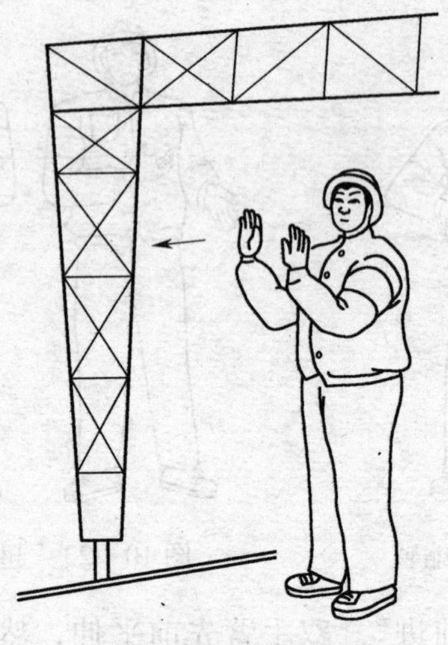

图 10—25　起重机后退

12）“抓取”（吸取）。两小臂分别置于侧前方，手心相对，由两侧向中间摆动，如图 10—26 所示。

13）“释放”。两小臂分别置于侧前方，手心朝外，两臂分别向两侧摆动，如图 10—27 所示。

图 10—26　抓取

图 10—27　释放

14）“翻转”。一小臂向前曲起，手心朝上，另一小臂向前伸出，手心朝下，双手同时进行翻转，如图 10—28 所示。

2. 旗语信号

（1）“预备”

单手持红绿旗上举，如图 10—29 所示。

图 10—28 翻转

图 10—29 预备

（2）“要主钩”

单手持红绿旗，旗头轻触头顶，如图 10—30 所示。

（3）“要副钩”

一只手握拳，小臂向上不动，另一只手拢红绿旗，旗头轻触前只手的肘关节，如图 10—31 所示。

（4）“吊钩上升”

绿旗上举，红旗自然放下，如图 10—32 所示。

（5）“吊钩下降”

绿旗拢起下指，红旗自然放下，如图 10—33 所示。

（6）“吊钩微微上升”

绿旗上举，红旗拢起横在绿旗上，互相垂直，如图 10—34 所示。

图 10—30　要主钩

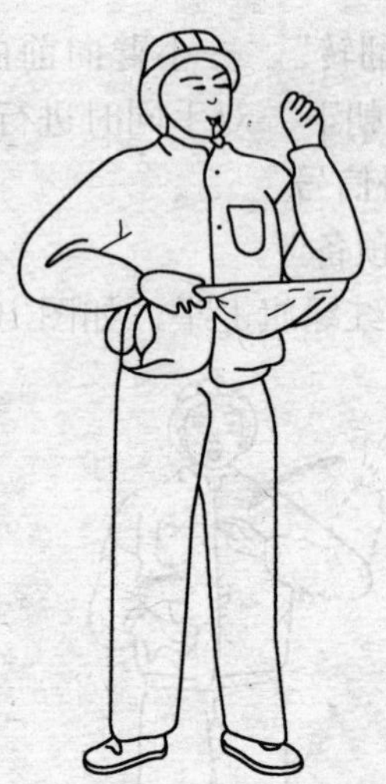

图 10—31　要副钩

图 10—32　吊钩上升

图 10—33　吊钩下降

（7）“吊钩微微下降”

绿旗拢起下指，红旗横在绿旗下，互相垂直，如图 10—35 所示。

图 10—34　吊钩微微上升

图 10—35　吊钩微微下降

（8）“升臂”

红旗上举，绿旗自然放下，如图 10—36 所示。

（9）“降臂”

红旗拢起下指，绿旗自然放下，如图 10—37 所示。

图 10—36　升臂

图 10—37　降臂

（10）“转臂”

红旗拢起，水平指向应转臂的方向，如图 10—38 所示。

图 10—38　转臂

（11）“微微升臂”

红旗上举，绿旗拢起横在红旗上，互相垂直，如图 10—39 所示。

（12）“微微降臂”

红旗拢起下指，绿旗横在红旗下，互相垂直，如图 10—40 所示。

（13）“微微转臂”

红旗拢起，横在腹前，指向应转臂的方向；绿旗拢起，竖在红旗前，互相垂直，如图 10—41 所示。

（14）“伸臂”

两旗分别拢起，横在两侧，旗头外指，如图 10—42 所示。

（15）“缩臂”

两旗分别拢起，横在胸前，旗头对指，如图 10—43 所示。

图 10—39　微微升臂

图 10—40　微微降臂

图 10—41　微微转臂

（16）“微动范围”

两手分别拢旗，伸向一侧，其间距与负载所要移动的距离接近，如图 10—44 所示。

（17）“指示降落方位”

单手拢绿旗，指向负载应降落的位置，旗头进行转动，如图 10—45 所示。

图 10—42　伸臂

图 10—43　缩臂

图 10—44　微动范围

图 10—45　指示降落方位

（18）“起重机回转”

一只手拢旗，水平指向侧前方，另一只手持旗水平重复挥动，如图 10—46 所示。

（19）“起重机前进”

两旗分别拢起，向前上方伸出，旗头由前上方向后摆动，如图 10—47 所示。

图 10—46　起重机回转

（20）“起重机后退”

两旗分别拢起，向前伸出，旗头由前方向下摆动，如图 10—48 所示。

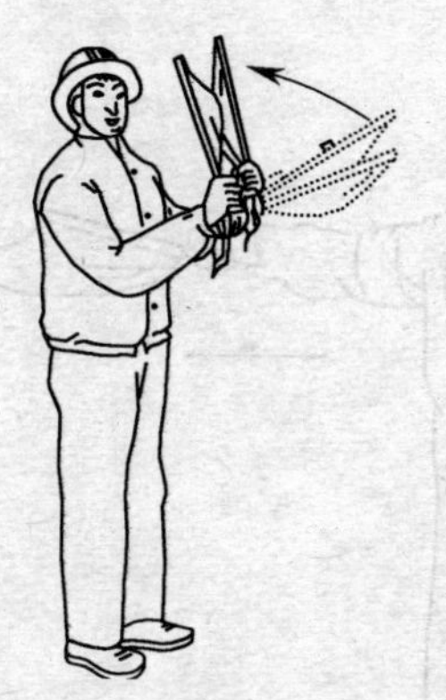
图 10—47　起重机前进

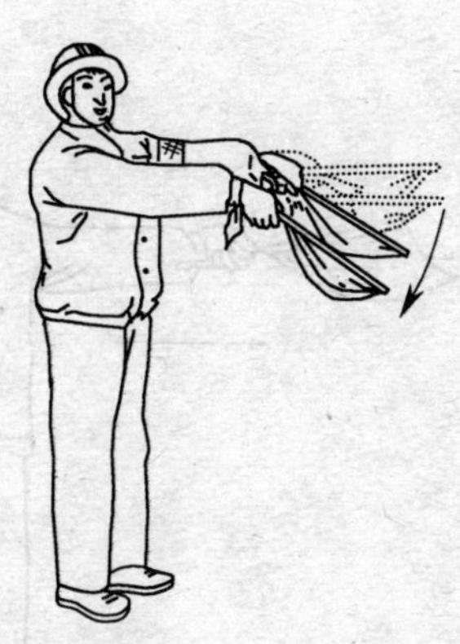
图 10—48　起重机后退

（21）“停止”

单旗左右摆动，另一面旗自然放下，如图 10—49 所示。

（22）“紧急停止”

双手分别持旗，同时左右摆动，如图 10—50 所示。

图 10—49　停止

图 10—50　紧急停止

（23）“工作结束”

两旗拢起，在额前交叉，如图10—51所示。

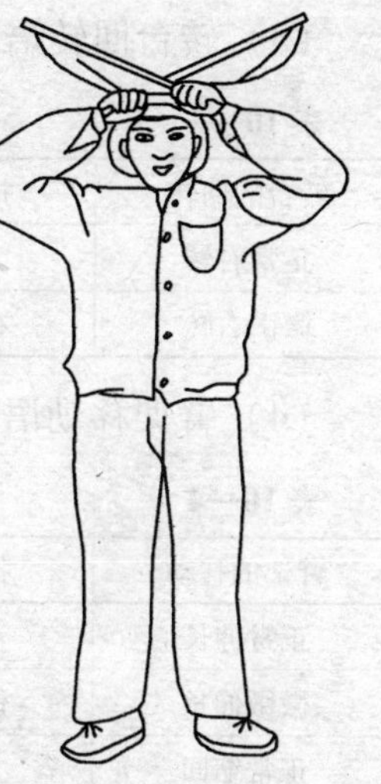

图10—51　工作结束

3. 音响信号

（1）“预备”“停止”为一长声——。

（2）“上升”为两短声●●。

（3）“下降”为三短声●●●。

（4）“微动”为断续短声●○●○●○●。

（5）“紧急停止”为急促的长声—— —— ——。

4. 起重吊运指挥语言

（1）开始、停止工作的语言（见表10—1）。

表10—1　开始停止工作的语言

起重机的状态	指挥语言
开始工作	开始
停止和紧急停止	停
工作结束	结束

（2）吊钩移动语言（见表10—2）。

表10—2　吊钩移动语言

吊钩的移动	指挥语言	吊钩的移动	指挥语言
正常上升	上升	正常向后	向后
微微上升	上升一点	微微向后	向后一点
正常下降	下降	正常向右	向右
微微下降	下降一点	微微向右	向右一点
正常向前	向前	正常向左	向左
微微向前	向前一点	微微向左	向左一点

(3) 转台回转语言（见表10—3）。

表10—3 转台回转语言

转台的回转	指挥语言	转台的回转	指挥语言
正常右转	右转	正常左转	左转
微微右转	右转一点	微微左转	左转一点

(4) 臂架移动语言（见表10—4）。

表10—4 臂架移动语言

臂架的移动	指挥语言	臂架的移动	指挥语言
正常伸长	伸长	正常升臂	升臂
微微伸长	伸长一点	微微升臂	升一点臂
正常缩回	缩回	正常降臂	降臂
微微缩回	缩回一点	微微降臂	降一点臂

三、司机使用的音响信号

1. “明白”

服从指挥，发出一短声●。

2. “重复”

请求重新发出信号，发出两短声●●。

3. “注意”

发出长声———。

第二节 指挥信号的应用

一、指挥信号的适用范围

塔式起重机安装拆卸的起重作业适用《起重吊运指挥信号》

（GB 5082—1985）的规定，同时，配合安拆的履带起重机、汽车起重机、轮胎起重机等起重机械也适用此规定。不适用于矿井提升设备、载人电梯设备。

二、指挥信号的配合应用

1. 使用音响信号与手势或旗语信号的配合

（1）在发出“上升”音响时，可分别与“吊钩上升”“升臂”“伸臂”“抓取”手势或旗语相配合。在发出“下降”音响时，可分别与“吊钩下降”“降臂”“缩臂”“释放”手势或旗语相配合。

（2）在发出“微动”音响时，可分别与“吊钩微微上升”“吊钩微微下降”“吊钩水平微微移动”“微微升臂”“微微降臂”手势或旗语相配合。

（3）在发出“紧急停止”音响时，可与“紧急停止”手势或旗语相配合。

（4）在发出音响信号时，均可与上述未规定的手势或旗语相配合。

2. 指挥人员与司机之间的配合

（1）指挥人员发出“预备”信号时，要目视司机，司机接到信号在开始工作前，应回答“明白”信号。当指挥人员听到回答信号后，方可进行指挥。

（2）指挥人员在发出“要主钩”“要副钩”“微动范围”手势或旗语时，要目视司机，同时可发出“预备”音响信号，司机接到信号后，要准确操作。

（3）指挥人员在发出“工作结束”的手势或旗语时，要目视司机，同时可发出“停止”音响信号，司机接到信号后，应回答“明白”信号方可离开岗位。

（4）指挥人员对起重机械要求微微移动时，可根据需要，重复给出信号。司机应按信号要求，缓慢平稳地操纵设备。

附件1　建筑起重机械安装拆卸工（塔式起重机）安全技术考核大纲

一、安全技术理论

1. 安全生产基本知识

（1）了解建筑安全生产法律法规和规章制度

（2）熟悉有关特种作业人员的管理制度

（3）掌握从业人员的权利义务和法律责任

（4）掌握高处作业安全知识

（5）掌握安全防护用品的使用

（6）熟悉安全标志、安全色的基本知识

（7）了解施工现场消防知识

（8）了解现场急救知识

（9）熟悉施工现场安全用电基本知识

2. 专业基础知识

（1）熟悉力学基本知识

（2）了解电工基础知识

（3）熟悉机械基础知识

（4）熟悉液压传动知识

（5）了解钢结构基础知识

（6）熟悉起重吊装基本知识

3. 专业技术理论

（1）了解塔式起重机的分类

（2）掌握塔式起重机的基本技术参数

（3）掌握塔式起重机的基本构造和工作原理

（4）熟悉塔式起重机基础、附着及塔式起重机稳定性知识

（5）了解塔式起重机总装配图及电气控制原理知识

（6）熟悉塔式起重机安全防护装置的构造和工作原理

（7）掌握塔式起重机安装、拆卸的程序、方法

（8）掌握塔式起重机调试和常见故障的判断与处置

（9）掌握塔式起重机安装自检的内容和方法

（10）了解塔式起重机维护保养的基本知识

（11）掌握塔式起重机主要零部件及易损件的报废标准

（12）掌握塔式起重机安装、拆除的安全操作规程

（13）了解塔式起重机安装、拆卸常见事故原因及处置方法

（14）熟悉《起重吊运指挥信号》（GB 5082—1985）的内容

二、安全操作技能

1. 掌握塔式起重机安装、拆卸前的检查和准备

2. 掌握塔式起重机安装、拆卸的程序、方法和注意事项

3. 掌握塔式起重机调试和常见故障的判断

4. 掌握塔式起重机吊钩、滑轮、钢丝绳和制动器的报废标准

5. 掌握紧急情况的处置方法

附件2　建筑起重机械安装拆卸工（塔式起重机）安全操作技能考核标准（试行）

第一部分　塔式起重机的安装、拆卸

1. 考核设备和器具

（1）QTZ 型塔式起重机 1 台（5 节以上标准节），也可用模拟机。

（2）辅助起重设备 1 台。

（3）专用扳手 1 套，吊、索具长、短各 1 套，铁锤 2 把，相应的卸扣 6 个。

（4）水平仪、经纬仪、万用表、拉力器、30 m 长卷尺、计时器。

（5）个人安全防护用品。

2. 考核方法

每 6 位考生一组，在实际操作前口述安装或顶升全过程的程序及要领，在辅助起重设备的配合下，完成以下作业：

A　塔式起重机起重臂、平衡臂部件的安装

安装顺序：安装底座→安装基础节→安装回转支撑→安装塔帽→安装平衡臂及起升机构→安装 1 ~ 2 块平衡重（按使用说明书要求）→安装起重臂→安装剩余平衡重→穿绕起重钢丝绳→接通电源→调试→安装后自验。

B　塔式起重机顶升加节

顶升顺序：连接回转下支撑与外套架→检查液压系统→找准顶升平衡点→顶升前锁定回转机构→调整外套架导向轮与标

准节间隙→搁置顶升套架的爬爪、标准节踏步与顶升横梁→拆除回转下支撑与标准节连接螺栓→顶升开始→拧紧连接螺栓或插入销轴（一般要有 2 个顶升行程才能加入标准节）→加节完毕后油缸复原→拆除顶升液压线路及电气设备。

3. 考核时间

120 min。具体可根据实际考核情况调整。

4. 考核评分标准

A　塔式起重机起重臂、平衡臂部件的安装

满分 70 分。考核评分标准见附表 1，考核得分即为每个人得分，各项目所扣分数总和不得超过该项应得分值。

附表 1　　　　考核评分标准

序号	扣分标准	应得分值
1	未对器具和吊索具进行检查的，扣 5 分	5
2	底座安装前未对基础进行找平的，扣 5 分	5
3	吊点位置确定不正确的，扣 10 分	10
4	构件连接螺栓未拧紧或销轴固定不正确的，每处扣 2 分	10
5	安装 3 节标准节时未用（或不会使用）经纬仪测量垂直度的，扣 5 分	5
6	吊装外套架索具使用不当的，扣 4 分	4
7	平衡臂、起重臂、平衡重安装顺序不正确的，每次扣 5 分	10
8	穿绕钢丝绳及端部固定不正确的，每处扣 2 分	6
9	制动器未调整或调整不正确的，扣 5 分	5
10	安全装置未调试的，每处扣 5 分；调试精度达不到要求的，每处扣 2 分	10
合计		70

B　塔式起重机顶升加节

满分 70 分。考核评分标准见附表 2，考核得分即为每个人得分，各项目所扣分数总和不得超过该项应得分值。

附表 2　　　　考核评分标准

序号	扣分标准	应得分值
1	构件连接螺栓未紧固或未按顺序进行紧固的，每处扣 2 分	10
2	顶升作业前未检查液压系统工作性能的，扣 10 分	10
3	顶升前未按规定找平衡的，每次扣 5 分	10
4	顶升前未锁定回转机构的，扣 5 分	5
5	未能正确调整外套架导向轮与标准节主弦杆间隙的，每处扣 5 分	15
6	顶升作业未按顺序进行的，每次扣 10 分	20
合计		70

说明：

（1）本考题分 A、B 两个题，即塔式起重机起重臂、平衡臂部件的安装和塔式起重机顶升加节作业，在考核时可任选一题。

（2）本考题也可以考核塔式起重机降节作业和塔式起重机起重臂、平衡臂部件拆卸，考核项目和考核评分标准由各地自行拟定。

（3）考核过程中，现场应设置 2 名以上的考评人员。

第二部分　零部件判废

1. 考核器具

（1）吊钩、滑轮、钢丝绳和制动器等实物或图示、影像资料（包括达到报废标准和有缺陷的）。

（2）计时器 1 个。

2. 考核方法

从吊钩、滑轮、钢丝绳、制动器等实物或图示、影像资料中随机抽取 3 件（张），判断其是否达到报废标准并说明原因。

3. 考核时间

10 min。

4. 考核评分标准

满分 15 分。在规定时间内能正确判断并说明原因的，每项得 5 分；判断正确但不能准确说明原因的，每项得 3 分。

第三部分　紧急情况处置

1. 考核设备和器具

（1）设置突然断电、液压系统故障、制动失灵等紧急情况或图示、影像资料。

（2）计时器 1 个。

2. 考核方法

由考生对突然断电、液压系统故障、制动失灵等紧急情况或图示、影像资料中所示紧急情况进行描述并口述处置方法。对每个考生设置一种。

3. 考核时间

10 min。

4. 考核评分标准

满分 15 分。在规定时间内对存在的问题描述正确并正确叙述处置方法的，得 15 分；对存在的问题描述正确，但未能正确叙述处置方法的，得 7.5 分。

参 考 文 献

住房和城乡建设部工程质量安全监管司. 塔式起重机司机[M]. 北京：中国建筑工业出版社，2009.

住房和城乡建设部工程质量安全监管司. 塔式起重机安装拆卸工［M］. 北京：中国建筑工业出版社，2009.

施立法. 建筑用塔式起重机技术与管理［M］. 合肥：安徽科学技术出版社，2008.